青少年编程教科书

案例学Python

青少年编程
从入门到精通

贾炜◎编著

U0202833

北京大学出版社
PEKING UNIVERSITY PRESS

内 容 提 要

　　本书以亲切的笔调、活泼的语言介绍了Python编程的相关知识，在写作上打破传统"知识说教"的写作模式，而采用寓教于乐的方式。通过大量生动有趣、直观形象的案例进行讲解，青少年能够边学边练、边学边玩，轻松掌握Python的编程知识。

　　本书共11个单元，安排了57个有趣的编程案例。每章末尾安排有"编程过关挑战"，在规定时间内完成编程挑战能够激发读者学习兴趣；每章末还安排有"单元小结"，可拓展读者的学习思维和巩固所学知识技能。

　　通过本书的学习，可以锻炼读者的逻辑思维能力，提升读者的耐性和专注力，以及培养读者的信息整合能力和自我学习能力。本书是写给青少年看的Python编程书，也适合父母、老师，以及想要学习计算机编程基础知识和Python编程技能的未成年人阅读，同时还可以作为青少年编程的教材参考用书。

图书在版编目(CIP)数据

案例学Python：青少年编程从入门到精通 / 贾炜编著. — 北京：北京大学出版社，2021.3
ISBN 978-7-301-31980-2

Ⅰ.①案… Ⅱ.①贾… Ⅲ.①软件工具 – 程序设计 – 青少年读物 Ⅳ.①TP311.561-49

中国版本图书馆CIP数据核字(2021)第022801号

书　　　　名	**案例学Python：青少年编程从入门到精通**	
	ANLI XUE Python: QINGSHAONIAN BIANCHENG CONG RUMEN DAO JINGTONG	
著作责任者	贾　炜　编著	
责 任 编 辑	王继伟　刘　云	
标 准 书 号	ISBN 978-7-301-31980-2	
出 版 发 行	北京大学出版社	
地　　　址	北京市海淀区成府路205 号　　100871	
网　　　址	http://www.pup.cn　　　新浪微博：@ 北京大学出版社	
电 子 信 箱	pup7@ pup.cn	
电　　　话	邮购部 010–62752015　　发行部 010–62750672　　编辑部 010–62570390	
印 刷 者	北京宏伟双华印刷有限公司	
经 销 者	新华书店	
	787毫米×980毫米　　16开本　　20.5印张　　384千字	
	2021年3月第1版　　2021年3月第1次印刷	
印　　　数	1–4000册	
定　　　价	89.00 元	

青少年编程
掌握人工智能时代新技能

时下，人工智能时代已经悄然来临，而编程能够帮我们打开通往未来的大门。苹果公司创始人史蒂夫·乔布斯曾说："每个人都应该学习编程，因为它教你如何思考。"比尔·盖茨在 13 岁的时候就写出了他的第一个计算机程序，史蒂夫·乔布斯也是在十几岁的时候编写出了游戏程序，然后创办了苹果公司。青少年通过学习编程，能够提升自我的学习能力，学会解决问题的方法，同时能够培养其逻辑思维、数学理解、英语兴趣、严谨理念、动手能力和创造力等。

我们的世界正在迅速程序化、数据化和智能化，大数据、物联网、云计算、机器学习、人工智能等技术让万物互联，让计算像水和电一样成为一种基础资源，让编程像阅读、表达、数学一样成为一种基础能力。

什么是人工智能？

人工智能（Artificial Intelligence，AI）是指通过机器来研究开发用于模拟人的智能的理论、方法、技术等，是一门新的技术科学。

人工智能是计算机科学的一个分支，它试图了解智能的实质，并生产出一种新的能与人类智能相似的方式做出反应的智能机器，该领域的研究包括机器人、语音识别、图像识别、自然语言处理和专家系统等。人工智能自诞生以来，理论和技术日益成熟，应用领域也不断扩大。可以设想，未来人工智能带来的科技产品将会是人类智慧的"容器"。人工智

能可以对人的意识、思维等信息过程进行模拟，它不是人的智能，但能像人那样思考，也可能超过人的智能。

人工智能时代，人类面临的挑战与机遇

目前，一些流水线工作已经采用大量的人工机器人设备，工人从原来的动手加工改变成为对自动化设备的控制工作。人工智能提高了工作的效率和专业性，同时也带来了一定的失业率。

有专家曾言，在可见的未来，职场智能化只是一个时间问题。在不远的将来，人工智能可以实现自动语言翻译、汽车自动驾驶、手术自动化……这些设想都是有据可证的，也是符合逻辑的。

面对这样的预言，我们不寒而栗。但是只要你爱学习，接受新技术，你就能把握 AI 时代的机遇，就能在竞争中抢占先机。

现在的孩子们应该以何种姿态面对人工智能？

现在，人工智能、物联网、大数据处理等内容正式进入全国高中"新课标"教育。人工智能快速进入教育领域，既是教育改革的新工具，也是课程教学的新内容。人工智能教育已经进入新的发展阶段，它在高效实现个性化学习方面有着无可比拟的优势，未来在教育领域的应用将更为广泛。

从某种程度上讲，把握人工智能的发展要从教育入手，而投资教育的最初始阶段往往更能占得先机。这也许就可以解释为什么人工智能的发展带火了青少年编程事业，让家长们对青少年编程一直关注推崇。让孩子从小学编程，掌握编程技能，培养编程思维，也是为以后的学习、工作、生活打下坚实基础。

编程语言那么多，为什么要选Python？

首先，Python 语言的语法非常简单易懂，相对于 C++、Java 等编程语言，Python 更加适合初学者学习。其次，目前大部分人工智能框架都支持 Python 语言，Python 作为人工智能开发第一语言当之无愧，选择学习 Python 未来更有前途。

不仅如此，Python 也将被浙江省正式纳入高中教育，浙江省高考改革将编程纳入高考。信息技术作为高考选考科目之一，率先加入了编程内容。而从 2018 年起，浙江省信息技术的编程教材已从 VB 语言变为 Python 语言，也就是说，学习编程尤其是 Python 编程不再只是培养兴趣爱好，它在升学中都将大有裨益。家长们应更多地引导孩子们正确地使用计算机，协助孩子们好好学习编程。在不久的将来，当编程成为必修科目之一时，已经有了编

程基础的孩子必然会比没有基础的孩子有着更大优势。

对信息技术教材改革，将 Python 课程化，除了浙江省在编程教育上率先行动之外，北京市和山东省也紧随其后进入编程教育改革的第一梯队，Python 语言课程化也将成为孩子学习的一种趋势。

本书特色

作者长期在一线从事青少年编程教育工作，深知青少年的心理发展与认知水平。本书在写作方式上打破了传统的"知识说教"，而寓教于乐，结合一线的教学实践，以案例实操为主、理论为辅的内容安排，让青少年们通过书中相关案例游戏的制作，边学边练、边学边玩，轻松掌握 Python 的编程知识。

本书案例覆盖奥数题、脑筋急转弯、有趣的小游戏、实用的小软件等青少年乐于接受的内容，实操性非常强。编程离不开动手，一定要动手编写程序。本书每个单元都以案例为主，包括案例描述、案例分析、编程实现、程序详解等环节，带领读者朋友们一步步分析完成案例编程。全书共有 57 个案例，读者可以参考案例源代码，优化修改，能够看得懂、学得会、做得出。

本书资源

为方便读者操作和练习，本书提供以下相关学习资源，来更好地辅助学习。

♦ **案例源代码。** 提供与本书案例同步的案例源代码文件，方便读者参考学习、优化修改和分析使用。在讲解过程中，作者将案例源代码保存在了自己 D 盘中的"编程真好玩"文件夹下。在应用时，读者找到书名文件夹下的案例源代码即可下载。

♦ **视频教程。** 提供书中 57 个案例的教学视频，方便读者视频学习，更好地掌握、理解书中案例的编程技能。也可用微信扫一扫下方的二维码，即可在线观看视频教程进行学习。

以上资源已上传至百度网盘供读者下载，读者可以关注下面"博雅读书社"微信公众号，找到资源下载栏目，根据提示获取；读者也可以关注下面作者微信公众号，并输入关键字代码 Eb302012，获取下载地址及密码，使用个人百度网盘进行下载。

资源下载　　　　　作者微信公众号

本书由凤凰高新教育策划，贾炜老师执笔编写。在本书的编写过程中，作者竭尽所能地想呈现最好、最全的实用内容，但仍难免有疏漏和不妥之处，敬请广大读者不吝指正。

邮箱：2751801073@qq.com
读者交流群：725510346

目 录
CONTENTS

好玩的新朋友

——Python编程入门

你好，亲爱的读者朋友，我是 Eric 老师，非常高兴能和你们一起进入 Python 编程的世界。现在就和 Eric 老师一起进入 Python 编程的第一单元的学习吧！在这一单元中我们将主要学习 Python 编程的基础知识，包括基本语句语法、基本的数据类型、函数等，并尝试编写简单的小程序，为我们后面的编程学习打下坚实的基础。

Python 翻译成中文就是大蟒蛇的意思，其图标像两条缠绕的大蟒蛇。Python 的创始人为荷兰人吉多·范罗苏姆。1989 年圣诞节期间，在阿姆斯特丹，吉多为了打发圣诞节的无趣，决心开发一个新的脚本解释程序，作为 ABC 语言的一种继承。之所以选中 Python 作为该编程语言的名字，据说是因为吉多非常喜欢的一个剧团名字叫 Python，所以便给这门新的编程语言取名为 Python。

1.1 IDLE 软件的使用

IDLE 是开发 Python 程序的基本集成开发环境（Integrated Development Environment，IDE），它具备基本的 IDE 的功能，是非商业 Python 开发的不错的选择。当安装好 Python 以后，IDLE 就会自动安装。打开安装后的 IDLE，会出现一个增强的交互命令行解释器窗口，我们称之为交互模式。除此之外，还有一个针对 Python 的编辑器（无代码合并，但有语法标签高亮显示和代码自动完成功能）、类浏览器和调试器，我们称之为文本模式。接下来 Eric 老师将和大家一起学习在两种模式下是如何编写程序与运行程序的。Eric 老师的 Windows 系统下已经安装好了 IDLE 软件，还没安装的同学请参考本书后面的附录 A。

1.1.1 交互模式

首先，我们学习 IDLE 的交互模式。启动 IDLE，在计算机中的"开始"菜单中选择"所有程序"命令，找到 Python 3.8 文件夹，单击展开 Python 3.8 文件夹，可以发现下面有 4 个 Python 条目，如图 1-1 所示。其中，IDLE（Python 3.8 64-bit）是 Python 的图形界面开发环境，Python 3.8（64-bit）是字符界面开发环境，Python 3.8 Manuals（64-bit）是用户文档，Python 3.8 Module Docs（64-bit）是模块文档。

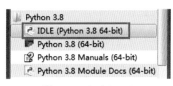

图 1-1　启动 IDLE

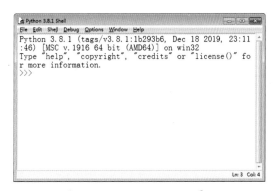

图 1-2　Python 3.8.1 Shell 界面

选择"IDLE（Python 3.8 64-bit）"选项，将会弹出如图 1-2 所示的界面，这样我们就已经成功启动 IDLE 软件了。

IDLE 默认启动界面为 Python 3.8.1 Shell，如图 1-2 所示。"Shell"是外壳的意思，这很形象地说明了这个程序是用来包裹 Python 内容的复杂机制的，从而能够给用户提供光鲜的图形界面。用户在 Shell 中可以与 Python 内核进行交互，所以也称为交互模式。

在界面中可以看到"＞＞＞"符号后面有一个闪烁的光标。"＞＞＞"是提示符，光标指示程序等待用户输入信息。在"＞＞＞"符号后面输入下面代码：print(" 编程真好玩！")，如图 1-3 所示。

输入完成后，按"Enter"键，IDLE 软件就会运行这行代码，运行结果如图 1-4 所示。我们可以看出软件输出了一段蓝色的字体"编程真好玩！"。

图 1-3　程序输入界面

图 1-4　程序运行结果界面

为什么会产生这样的运行结果呢？因为我们刚刚输入的文本是一句简单的 Python 程序，其中 print 是一个输出函数，会将 print 后面引号中的内容原样输出。

1.1.2　文本模式

IDLE 软件交互模式的优点是编写与运行程序方便快捷，缺点是不方便多行程序的编写。相对来说，IDLE 软件的文本模式更方便多行程序编写与运行，所以更多的时候，我们使用的是文本模式，接下来我们就学习如何使用文本模式。

第1步 启动 IDLE 软件后，在菜单栏中选择"File"→"New File"命令，如图 1-5 所示。

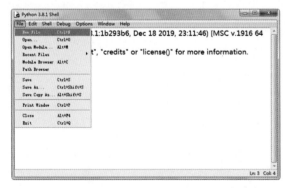

图 1-5　选择"File"→"New File"命令

第2步 选择以上命令后会弹出一个新的界面，如图 1-6 所示，该界面是一个新建文本，用于编写程序。可以看到光标闪烁，用户可以在这个界面中输入自己的程序。

图 1-6　新建好的空文本

第3步 在图 1-6 所示的空文本中输入"print(" 编程真好玩！ ")"，结果如图 1-7 所示。

第4步 编写好程序以后，我们还要保存程序。在菜单栏中选择"File"→"Save As"命令，会弹出如图 1-8 所示的界面。

图 1-7　编写程序界面

图 1-8　保存程序界面

第5步 选择好文件保存目录，然后输入文件名。这里，Eric 老师把程序文件存放在了 D 盘下面的"编程真好玩 / 第一单元 /code"路径中，给程序文件取名为"test1"，然后单击"保存"按钮，如图 1-9 所示。

第6步 保存好程序文件以后，我们就可以运行程序了，即在菜单栏中选择"Run"→"Run Module"命令，如图 1-10 所示。

图 1-9 保存程序

图 1-10 运行程序

第 7 步 选择 "Run Module" 命令以后，将弹出如图 1-11 所示的界面，即程序的运行界面，运行程序之后我们可以看到输出了 "编程真好玩！"。

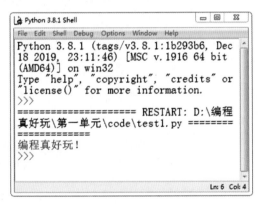

图 1-11 程序运行结果

1.2 打印输出——print 函数

print 函数用于打印输出，是最常见的一个函数。如在 1.1.2 节中使用 IDLE 软件的文本模式编写了一行 Python 程序，程序中使用了 print 函数输出字符串文本 "编程真好玩！"。除了字符串，print 函数还可以输出变量的值、整数、浮点数等，在后面的章节中我们将会详细讲解。

1.2.1 换行输出

print 函数默认是换行输出的，意思是调用一次 print 函数就输出一行，再次调用就会换行输出。使用 print 函数编写 3 行输出语句，示例程序如下：

```
1. print("第一行")
2. print("第二行")
3. print("第三行")
```

对以上 3 行语句运行程序，运行结果如图 1-12 所示，可以看出程序输出了 3 行字符串。由此可知，当 print 函数只填写要输出的字符串时，默认是换行的。

图 1-12　输出换行

1.2.2　不换行输出

对于 print 函数，怎么才能不换行输出呢？很简单，我们只需在 print 函数中添加一个参数"end"并给它赋相应的值即可。示例程序如下：

```
1. print("第一行",end = "")
2. print("第二行",end = "")
3. print("第三行",end = "")
```

对于上述程序，我们在 1.2.1 节示例程序的基础上，给 print 函数添加了参数"end"，并给它赋值一个空字符串。程序运行结果如图 1-13 所示，可见程序虽然还是 3 行，但是输出内容却没有换行，只有一行输出。

图 1-13　不换行输出

Eric 老师温馨提示

在图 1-13 中，3 行程序的输出紧紧相连，能不能用逗号把它们分隔开呢？答案是肯定可以，只需要设置参数"end"的值为逗号","即可。如果想用其他符号分隔，只需要把相应的符号赋值给参数"end"就可以了。

案例 1 编程输出李白的《静夜思》

案例描述

我们都知道诗仙李白的《静夜思》这首诗，Eric 老师帮大家找到了，如图 1-14 所示。那么怎么使用 Python 编写一段程序来输出这首诗呢？

案例分析

由案例描述可知，我们需要输出《静夜思》的内容（即 5 行文字）。注意，我们需要对语句进行换行，这与图 1-12 所示的换行输出格式非常相似，把输出内容替换为《静夜思》的内容即可。

编程实现

打开 IDLE 软件，使用文本模式编写程序。新建一个文件，在新文件中输入如图 1-15 所示的程序并保存。

图 1-14 《静夜思》诗句　　　　　　　　图 1-15 案例程序

● 程序运行结果

对上述输入的程序进行运行，结果如图 1-16 所示，可以看出程序正确地输出了《静夜思》这首诗。

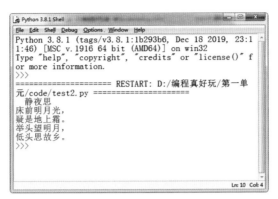

图 1-16 程序运行结果

1.3 装数据的盒子——变量

在 Python 程序中，我们把符号、数字、字母、文字等统称为数据。Python 程序就是由这些数据按照一定的语法规则组成的。我们每个人都有名字，名字的作用就是方便我们与别人进行区分，也方便我们认识更多的人。同样的，在一个完整的程序中有很多的数据，为更方便地利用这些数据，我们也需要要对这些数据做一些区分，与其说是给数据取名字，倒不如说是给"装数据的盒子"取名字更加恰当。几乎在所有的编程语言中，"装数据的盒子"还有一个统一的名称 —— 变量。

那么怎么给变量取名字呢？变量取名有何要求呢？在 Python 中，变量取名的规则是：由字母、数字、下划线组成，数字不能放在最前面。Eric 老师在交互模式下编写示例程序如下：

```
1.  >>> a1 =2020
2.  >>> a_1 = 2020
3.  >>> _ = 2020
4.  >>> _a = 2020
5.  >>> _1 = 2020
6.  >>> 1a = 2020
```

```
7.  SyntaxError: invalid syntax
8.  >>> 1_ = 2020
9.  SyntaxError: invalid decimal literal
10. >>>
```

第1行：我们取了一个名字为"a1"的变量，并且把2020赋值给该变量。

第2行：我们取了一个名字为"a_1"的变量，并且把2020赋值给该变量。

第3行：我们取了一个名字为"_"的变量，并且把2020赋值给该变量。

第4行：我们取了一个名字为"_a"的变量，并且把2020赋值给该变量。

第5行：我们取了一个名字为"_1"的变量，并且把2020赋值给该变量。

第6、7行：我们取了一个名字为"1a"的变量，并且把2020赋值给该变量；当按"Enter"键以后，程序报错提示变量名错误。

第8、9行：我们取了一个名字为"1_"的变量，并且把2020赋值给该变量；当按"Enter"键以后，程序报错提示变量名错误。

Eric 老师温馨提示

在示例程序中分别取了7个变量名，其中前5个以字母和下划线开头的变量名是合乎规则的，程序没有报错；后面两个以数字开头的变量名都是不合乎规则的，所以程序对其进行报错。

1.4 常见的数据类型

我们知道程序中会有很多数据，如字母、文字、数字等。Python语言把这些数据分为字符串和数字两种类型，其中数字类型又分为整数和浮点数。下面分别举例说明这几种数据类型。

1.4.1　字符串类型

对于字符串类型，我们在前面已经用过，凡是用引号括起来的数据都是字符串，用来存放字符串的变量称为字符串变量。Eric 老师在交互模式下编写的示例程序如下：

```
1.  >>> a = " 编程真好玩！"
2.  >>> a
3.  ' 编程真好玩！'
4.  >>> type(a)
5.  <class 'str'>
6.  >>>
```

第1行：把数据"编程真好玩！"赋值给变量 a。

第2行：在命令行中输入 a，查看变量 a 的值。

第3行：程序输出了"编程真好玩！"。

第4行：在命令行中输入 type(a)，查看变量 a 的数据类型。

第5行：程序输出了 <class 'str'>，其中 str 是字符串的意思。在 Python 中，单引号、双引号、三引号都可用来表示字符串。

1.4.2　整数类型

在数学中学习过，整数是正整数、零、负整数的集合，接下来通过下面的程序来学习在 Python 中表示整数的关键字。Eric 老师在交互模式下编写的示例程序如下：

```
1.  >>> b = 2020
2.  >>> b
3.  2020
4.  >>> type(b)
5.  <class 'int'>
6.  >>>
```

第1行：把数据2020赋值给变量b。

第2行：在命令行中输入b，查看变量b的值。

第3行：程序输出了整数2020。

第4行：在命令行中输入type(b)，查看变量b的数据类型。

第5行：程序输出了 <class 'int'>，其中，int 是整数类型的意思。

1.4.3 浮点数类型

简单地说，浮点数就是带小数点的小数。Eric 老师在交互模式下编写的示例程序如下：

```
1.  >>> c = 3.14159
2.  >>> c
3.  3.14159
4.  >>> type(c)
5.  <class 'float'>
6.  >>>
```

第1行：把数据3.14159赋值给变量c。

第2行：在命令行中输入c，查看变量c的值。

第3行：程序输出了小数3.14159。

第4行：在命令行输入 type(c)，查看变量c的数据类型。

第5行：程序输出了 <class 'float'>，其中，float 是浮点类型的意思。

1.5 获取键盘输入——input 函数

在 1.2 节中，Eric 老师和大家一起学习了 print 函数，并且使用该函数输出了李白的《静夜思》。在程序中，输入和输出像是一对孪生兄弟，有输出函数那么就一定会有输入函数。Python 中提供的输入函数是 input。input 函数从键盘获取输入，并将运算结果返回。Eric 老

师在交互模式下编写的示例程序如下：

```
1.  >>> a = input(" 请输入: ")
2.  请输入:
```

第1行：通过 input 函数获取用户输入，并把输入的数据赋值给变量a。

第2行：按"Enter"键以后，程序输出了"请输入:"。这时程序并没有结束，而是在等待继续输入。

Eric 老师温馨提示

input 函数中的字符串是提示信息，用于提示用户应该输入什么信息，比如要用户输入姓名，则可以录入"请输入你的姓名："；如果要用户输入年龄，则可以录入"请输入你的年龄："。

注意，上面的示例程序并没有运行结束，而是在等待我们继续输入，在这里 Eric 老师输入整数 2020，示例程序如下：

```
1.  >>> a = input(" 请输入: ")
2.  请输入: 2020
3.  >>> a
4.  '2020'
5.  >>>
```

第2行：Eric 老师输入整数 2020，然后按"Enter"键，表示完成输入。

第3行：输入变量名 a，查看变量a的值。

第4行：程序输出字符串 '2020'，注意不是整数 2020。

Eric 老师温馨提示

在上面的示例程序中，我们输入的明明是整数 2020，为什么输出的时候却变成了字符串 '2020' 呢？这是因为在 Python 中，凡是通过 input 函数输入的数据，都会被转化为字符串。如果想要获得整数，我们需要通过类型转换函数来完成，在 1.6 节中我们会详细学习。

案例 2 程序对你说 "hello"

案例描述

在 1.5 节中，学习了如何使用 input 函数，该函数可以让程序获取用户输入的内容。那么当我们输入名字（如 ***）以后，想要程序输出 "***，hello"，该如何编写程序呢？运行效果如图 1-17 所示。

案例分析

根据图 1-17 所示的案例效果可知，程序使用了输入函数和输出函数，并把输入的名字存放在变量中，在输出函数中使用该变量即可输出所输入的名字。

编程实现

根据案例分析，打开 IDLE 软件，使用文本模式编写如图 1-18 所示的程序。

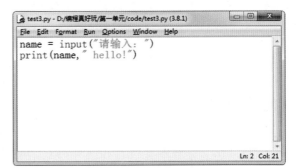

图 1-17　案例效果　　　　　　图 1-18　案例程序

第1行：调用 input 函数获取用户输入的内容，并把输入的值赋给变量 name。

第2行：在输出函数中有两个内容需要输出：一个是变量 name 的值，另一个是字符串"hello！"，并使用逗号隔开。

● **程序运行结果**

对图 1-18 中的程序进行运行，结果如图 1-19 所示。可以看到输入 Eric 后，程序输出了"Eric hello！"。那么程序是怎么知道输入的是名字呢？这是因为我们通过输入函数输入了名字，并且保存在变量 name 中，所以在 print 函数中，直接使用变量名，程序就可以输出变量中存放的数据。

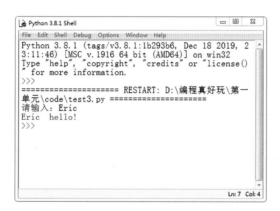

图 1-19　程序运行结果

1.6　数据类型转换

在第 1.5 节中，通过对输入函数的学习与使用，我们知道通过 input 函数输入的数据，都会被默认地转换为字符串类型。很多时候，程序中不仅需要用到字符串类型，也需要用到整数类型和浮点数类型，这时可以使用 Python 提供的类型转换函数实现不同类型之间的转换。

1.6.1　int 函数

int 函数能够把字符串类型转换为整数类型，下面就举例说明该函数的用法。

```
1.  >>> a = "2020"
```

```
 2.  >>> type(a)
 3.  <class 'str'>
 4.  >>> b = int(a)
 5.  >>> b
 6.  2020
 7.  >>> type(b)
 8.  <class 'int'>
 9.  >>> a
10. '2020'
11. >>>
```

 **程序详解**

第1行：定义了一个变量a，把字符串 "2020" 赋值给变量a。

第2行：使用 type 函数查看变量 a 的数据类型。

第3行：输出 <class 'str'>，表示 a 为字符串类型。

第4行：使用 int 函数把对字符串 a 转换后的结果赋值给变量 b。

第5、6行：查看变量 b 的值，输出变量 b 的值为整数 2020。

第7行：使用 type 函数查看变量 b 的数据类型。

第8行：输出 <class 'int'>，表示变量 b 为整数类型。

第9、10行：再次查看变量 a 的值，输出变量 a 的值仍然是字符串 '2020'。

Eric 老师温馨提示

　　如果想要把变量a变为转换后的整数类型，可以使用语句 a = int(a)，即把字符串 a 转换为整数后的值再赋给变量 a，这样变量 a 也就变成了整数。

当我们想要把类似 "3.14" 这样的字符串转换为数值型数据的时候，如果还是使用 int 函数，程序将会报错，示例程序如下：

```
1.  >>> a = "3.14"
2.  >>> a = int(a)
3.  Traceback (most recent call last):
4.  File "<pyshell#14>", line 1, in <module>
5.  a = int(a)
6.  ValueError: invalid literal for int() with base 10: '3.14'
7.  >>>
```

第1行：定义了一个变量a，把字符串"3.14"赋值给变量a。

第2行：使用int函数把字符串a转换后的结果重新赋值给变量a。

第3～6行：程序报错，因为3.14是小数而不是整数，所以int函数不能把字符串"3.14"转化为整数。

1.6.2　float 函数

如果想要把类似"3.14"这样的字符串转换为数值型数据，Python对此提供了专门的函数float，示例程序如下所示：

```
1.  >>> a = "3.14"
2.  >>> a = float(a)
3.  >>> a
4.  3.14
5.  >>>
```

第1行：定义了一个变量a，把字符串"3.14"赋值给变量a。

第2行：使用float函数把字符串a转换后的结果重新赋值给变量a。

第3、4行：查看变量a的值，程序输出了浮点数3.14。

数据 2020 是一个整数，那么将类似 "2020" 这样的字符串转化为数值型数据时，除了可以使用 int 函数，可不可以使用 float 函数呢？示例程序如下：

```
1.  >>> a = "2020"
2.  >>> a = float(a)
3.  >>> a
4.  2020.0
5.  >>>
```

第 1 行：定义了一个变量 a，把字符串 "2020" 赋值给变量 a。

第 2 行：使用 float 函数把字符串 a 转换后的结果重新赋值给变量 a。

第 3、4 行：查看变量 a 的值，程序输出了浮点数 2020.0。

从上面的程序中可以看出，使用 float 函数转换后的数据为浮点数类型。需要注意的是，字符串 "2020" 经过 float 函数转换后的值为浮点数 2020.0，而不是整数 2020。

1.6.3　str 函数

把整数、浮点数转换为字符串的函数为 str，这个函数的用法与 int 函数是一样的，示例程序如下：

```
1.  >>> a = 2020
2.  >>> a = str(a)
3.  >>> a
4.  '2020'
5.  >>>
```

第 1 行：定义了一个变量 a，把整数 2020 赋值给变量 a。

第 2 行：使用 str 函数把整数 a 转换后的结果重新赋值给变量 a。

第 3、4 行：查看变量 a 的值，程序输出字符串 '2020'。

1.7 字符串的运算

在 1.4 节中，我们学习了 3 种基本的数据类型，下面我们重点学习字符串、整数、浮点数相关的算术运算。

1.7.1 字符串的加法

在 Python 中，字符串与字符串是可以相加的。字符串相加就是简单地把字符串首尾相连即可，示例程序如下：

```
1. >>> a = "hello"
2. >>> b = " 你好 "
3. >>> c = a + b
4. >>> c
5. 'hello 你好 '
6. >>>
```

第1行：定义了一个变量a，把字符串 "hello" 赋值给变量a。

第2行：定义了一个变量b，把字符串 " 你好 " 赋值给变量a。

第3行：将变量a与变量b相加的结果赋值给变量c。

第4、5行：查看变量c的值，程序输出字符串 'hello 你好 '，恰好是字符串 a 与字符串 b 的拼接。

1.7.2 字符串的乘法

字符串类型的数据除了可以与字符串相加之外，还可以与整数相乘，示例程序如下：

```
1. >>> a = "china"
2. >>> b = a * 3
3. >>> b
4. 'chinachinachina'
5. >>>
```

第1行：定义了一个变量a，把字符串 "china" 赋值给变量a。

第2行：定义了一个变量b，把字符串变量a乘以整数3的值赋给变量b。

第3、4行：查看变量c的值，程序输出字符串 'china china china'，即3个变量的值。

综合上面两个与字符串相关的运算，不难看出，不管是字符串与字符串相加还是字符串与整数相乘，结果都是字符串。

1.7.3　整数的加减乘除

在 Python 中，整数是如何做加减乘除运算的呢？首先学习一下 Python 中的运算符号："+"表示加法，"−"表示减法，"*"表示乘法，"/"表示除法，"//"表示整除（商只保留整数部分），"%"表示取余数。Eric 老师依旧举例说明每个运算在 Python 中的编程与实现方法，整数相关运算的示例程序如下：

```
1.  >>> a = 100 + 300
2.  >>> a
3.  400
4.  >>> b = 300 - 40
5.  >>> b
6.  260
7.  >>> c = 300 * 2
8.  >>> c
9.  600
10. >>> d = 300 / 2
11. >>> d
12. 150.0
13. >>> e = 25 // 8
14. >>> e
15. 3
16. >>> f = 25 % 8
17. >>> f
```

18. 1

19. >>>

第1～3行：整数 100 与整数 300 相加，结果为 400。

第4～6行：整数 300 与整数 40 相减，结果为 260。

第7～9行：整数 300 与整数 2 相乘，结果为 600。

第10～12行：整数 300 与整数 2 相除，结果为浮点数 150.0。

第13～15行：整数 25 与整数 8 相除，商取整数部分，结果为 3。

第16～18行：整数 25 与整数 8 相除取余数，结果为 1。

1.7.4　浮点数的加减乘除

在 Python 中，浮点数是怎么做加减乘除运算的呢？浮点数相关运算的示例程序如下：

1. >>> a = 3.14 + 10

2. >>> a

3. 13.14

4. >>> b = 3.14 - 2

5. >>> b

6. 1.1400000000000001

7. >>> c = 3.14 * 2

8. >>> c

9. 6.28

10. >>> d = 3.14 / 2

11. >>> d

12. 1.57

13. >>>

第1～3行：浮点数 3.14 与整数 10 相加，结果为浮点数 13.14。

第 4 ~ 6 行：浮点数 3.14 与整数 2 相减，结果为浮点数 1.1400000000000001。

第 7 ~ 9 行：浮点数 3.14 与整数 2 相乘，结果为浮点数 6.28。

第 10 ~ 12 行：浮点数 3.14 与整数 2 相除，结果为浮点数 1.57。

Eric 老师温馨提示

在上述示例程序中的减法运算中，"b=3.14-2"正常的计算结果应该是 1.14，但是程序中的结果却是 1.1400000000000001。造成这个问题的原因是，在计算机中所有的数都是以二进制保存的，十进制的小数在与二进制数字相互转换时会出现误差，也就是浮点数的精确度。由于浮点数的精确度不可能完全精准，所以出现这样的情况在所难免。

针对浮点数精度问题，我们可以使用 Python 提供的 round 函数解决。round 函数的第一个参数为浮点数，第二个参数为保留的小数位数，示例程序如下：

```
1.  >>> b = 3.14 - 2
2.  >>> round(b,2)
3.  1.14
4.  >>>
```

将上述程序运行之后，就能看到输出的结果是 1.14 了。

案例 3 编个计算器

案例描述

在前面的学习中，Eric 老师和大家一起学习了输入 / 输出函数、常见的数据类型、不同数据类型之间的转换，还学习了字符串和数值型数据相关的算术运算。下面结合这些知识，完成一个简单的计算器的编程开发，使计算器能够完成两个整数之间的加减乘除运算并输出结果。

案例分析

计算器的开发涉及加减乘除运算，所以程序需要获取用户输入的两个整数，通过运算后输出两个整数之间加减乘除的运算结果。

编程实现

根据案例描述和分析，编写程序如图 1-20 所示。

图 1-20　案例程序

程序详解

第 1、2 行：定义了两个变量 a、b，分别接收用户输入的两个数据。

第 3、4 行：使用 int 函数把变量 a、b 转换为整数类型，以便参与下面的算术运算。

第 5 ~ 12 行：分别进行加减乘除运算，并输出运算结果。

这样就完成了一个计算器的编程开发，运行程序后，用户随意输入两个整数，程序即可输出两个整数的加减乘除运算结果。

● **程序运行结果**

运行程序，然后分别输入两个整数 365 和 12，程序将会输出这两个数之间加减乘除运算的结果，如图 1-21 所示。

图 1-21　程序运行结果

1.8　函数

在计算机编程中，函数是指一段完成某种特定功能的程序，也叫作子程序或者方法。一段较长的程序一般应分为若干个模块，每个模块用来实现一个特定的功能。所有的高级语言中都有子程序这个概念，用子程序来实现模块的功能。

在程序设计中，常常将一些常用的功能模块编写成函数，放在函数库中供公共选用。在编程时要善于利用函数，以减少重复编写程序段的工作量。在前面的学习中，我们已经接触了函数，如输出函数 print、输入函数 input、把字符串转换为整数的函数 int 等，这些

都是 IDLE 软件编写好的函数，也称内置函数。通过使用这几个函数可以发现，函数由两部分组成：函数名和小括号。其中，函数名的命名规则和变量名的命名规则一样。

1.8.1 函数的创建

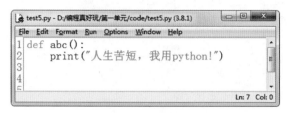

下面 Eric 老师就带大家一起学习如何创建一个自己的函数，如创建一个输出"人生苦短，我用 python！"的函数，示例程序如图 1-22 所示。

图 1-22　创建函数

第 1 行：使用 def 关键字创建了函数 abc，创建函数时必须使用 def 关键字，关键字与函数名之间用一个空格隔开，函数后面必须紧跟"："，表示以下程序都属于该函数。

第 2 行：使用 print 函数输出"人生苦短，我用 python！"。由于第 2 行的程序属于函数 abc，所以第 2 行程序开头必须空格，一般为 4 个空格。通过两行程序，我们就创建了一个 Python 函数。如果我们此时就运行程序，程序不会输出任何内容。因为刚刚只是创建了函数，并没有调用函数，函数只有在调用时才会执行。

1.8.2 函数调用

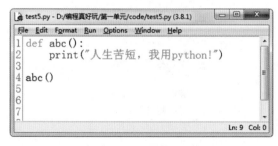

在创建了自定义函数后，必须对其调用才会执行，那么我们调用自己定义的函数看看效果吧！调用函数示例程序如图 1-23 所示。

图 1-23　调用函数

第 1、2 行：定义函数 abc。

第 4 行：调用函数 abc，调用函数时只需要写上函数名和小括号即可。

● **程序运行结果**

示例程序运行结果如图 1-24 所示。程序输出了"人生苦短，我用 python！"，说明函数已经执行。

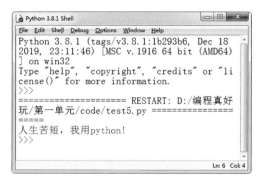

图 1-24　程序运行结果

1.8.3　函数参数

前面我们学习了 Python 函数的创建方法，下面 Eric 老师继续带领大家学习带参函数的创建与调用。那么什么是函数的参数呢？其实，函数参数我们已经见过很多次了，比如在程序 print(" 人生苦短，我用 python!") 中，"人生苦短，我用 python!"就是函数的参数。函数的参数分为形参与实参两类，通过如图 1-25 所示的程序加以说明。形参即形式参数，

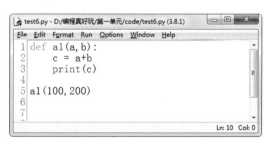

图 1-25　带参函数的创建

指在定义函数时函数名后面括号中的变量名，没有实际的值，因此称为形参；实参即实际参数，指在调用函数时函数名后面括号中的值，有实际的值，因此称为实参。

第 1 行：使用 def 关键字创建了函数 a1，并添加了两个形参 a、b。

第 2 行：把形参 a、b 相加的结果赋值给变量 c。

第 3 行：输出变量 c 的值。

第 5 行：调用函数 a1，并传入实参 100 和 200。

Eric 老师温馨提示

　　在创建函数时传入的两个参数a、b称为形参，也称为形式参数。形参并没有实际意义，只是在创建函数时占个位置，形参的名字需要符合变量名的命名规则。在调用函数时使用的两个参数100、200为实参，也称实际参数，能够真正地参与运算。

● 程序运行结果

　　程序运行后，结果如图 1-26 所示。可以看出输出结果是 300，正好是实参 100 与 200 相加的结果。

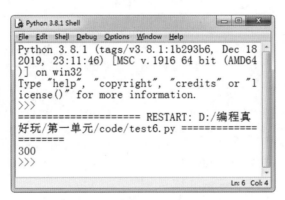

图 1-26　带参函数的运行结果

Eric 老师温馨提示

　　Python 函数中参数的个数可以是一个或者多个，如果个数超过 5 个，建议使用元组（在后面的单元学习中，我们将详细学习元组的相关知识）。参数类型可以是数值型，也可以是字符串类型。

1.8.4　函数返回值——return

在 Python 函数中，用户除了可以自定义参数，还可以定义函数是否带有"结果"，这个"结果"就是函数的返回值。带返回值的函数在前面其实也有接触，如类型转换函数 int，该函数的返回值就是一个整数。在图 1-27 所示的程序中，我们将给函数设置一个返回值。

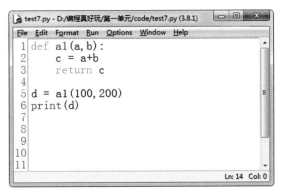

图 1-27　带返回值函数的创建

第 1 行：创建了一个既带参数又带返回值的函数 a1，形参为 a、b。

第 2 行：定义了一个变量 c，用来存放 a 加 b 的和。

第 3 行：使用关键字 return 返回变量 c 的值。

第 5 行：调用函数 a1，并且传入实参 100 和 200，把函数的返回值赋值给变量 d。

第 6 行：使用 print 函数输出变量 d 的值。

● **程序运行结果**

程序运行之后，结果也是 300，说明函数 a1 的返回值就是 300，并且把 300 赋值给了变量 d。

Eric 老师温馨提示

如果一个函数有多个结果需要返回，应该怎么编程呢？如果返回值个数不超过 5 个，我们可以使用如下语句，其中"*"表示返回值，返回值用","隔开，示例程序如下：

```
return *, *, *
```

如果返回值个数超过 5 个，我们可以使用元组，示例程序如下：

```
return (*, *, *, *, *, *, *)
```

1.8.5 函数嵌套

大家都知道俄罗斯套娃玩具，它一般由6个以上图案一样的空心木娃娃一个套一个组成，最多可达十多个。函数嵌套与俄罗斯套娃非常类似，唯一的区别是俄罗斯套娃是木娃娃里面套木娃娃，函数嵌套是函数里面套函数，又称函数嵌套。函数嵌套的程序如图1-28所示。

```
test8.py - D:/编程真好玩/第一单元/code/test8.py (3.8.1)
File  Edit  Format  Run  Options  Window  Help
1  def jia(a, b):
2      print(a+b)
3
4  def jian(a, b):
5      print(a-b)
6
7  def abc(a1, a2):
8      jia(a1, a2)
9      jian(a1, a2)
10
11 abc(123, 12)
12
                                            Ln: 12  Col: 0
```

图 1-28　函数嵌套

程序详解

第1、2行：创建了一个带参函数 jia，形参为 a、b，功能是输出两个参数的和。

第4、5行：创建了一个带参函数 jian，形参为 a、b，功能是输出两个参数的差。

第7～9行：创建了一个带参函数 abc，形参为 a1、a2。

第8行：在函数 abc 中调用函数 jia，并把形参 a1、a2 传入。

第9行：在函数 abc 中调用函数 jian，并把形参 a1、a2 传入。

第11行：调用函数 abc，传入实际参数 123 和 12。

● 程序运行结果

程序运行之后，结果如图1-29所示。可以看出 123 加 12 的结果是 135，123 减去 12 的结果是 111。

图 1-29　程序运行结果

编程过关挑战 —— 输出任意字符组成的菱形

难易程度　★ ★ ☆ ☆ ☆

过关时间　大约20分钟

挑战介绍

print 函数不但可以输出数字、字符串等，还可以按照一定规则输出由各种符号组成的图形。如图 1-30 所示，就是 Eric 老师使用 print 函数输出的一个由 "*" 组成的菱形。现在我们根据运行结果编写出相应的程序源码。

图 1-30　程序运行效果

思路分析

由图 1-30 可知，图形由空格和 "*" 组成，并且程序接收用户输入的符号后打印出符号组成图形。

编程实现

Eric 老师根据以上思路分析，编写出的程序如下：

```
1.  c = input(" 请输入任意字符：")
2.  print("   "*3+c)
3.  print("   "*2+c*3)
4.  print("   "*1+c*5)
5.  print(c*7)
6.  print("   "*1+c*5)
7.  print("   "*2+c*3)
8.  print("   "*3+c)
```

· 关键代码行含义 ·

第 1 行：输入拼成菱形的字符，并赋值给变量 c。

第 2 行：输出 3 个空格和 1 个字符串 c。

第 3 行：输出 2 个空格和 3 个字符串 c。

第 4 行：输出 1 个空格和 5 个字符串 c。

第 5 行：输出 7 个字符串 c。

第 6 行：输出 1 个空格和 5 个字符串 c。

第 7 行：输出 2 个空格和 3 个字符串 c。

第 8 行：输出 3 个空格和 1 个字符串 c。

编写完程序后先对其运行，然后我们按照图 1-30 所示的程序运行效果输入 "*"，将会发现程序会输出与图 1-30 一模一样的图形。然后再次运行程序，这次输入 "#"，运行结果如图 1-31 所示。读者朋友们可以尝试输入其他的符号，观察输出的图形效果。

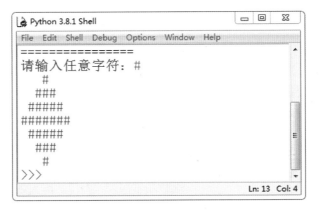

图 1-31　程序运行结果

在本单元中，我们学习了 Python 的基础知识，主要包括 IDLE 软件的使用、输出函数 print、输入函数 input、变量的定义与使用方法、基本的数据类型及它们之间的相互转化、加减乘除运算、函数的定义与调用、函数的参数与返回值等。这些是我们后期开发项目将会用到的基础知识，因此大家一定要掌握牢固，打好基础才能学得更好，走得更远。

是非分明我知道

—— 判断与分支

在单元 1 中，Eric 老师和大家一起学习了 IDLE 编程软件的使用、Python 的输入 / 输出函数、数据类型，以及类型转换函数等基础知识。下面 Eric 老师与大家一起学习 Python 编程中的判断分支语句。

先给大家举个例子，当我们登录 QQ 或者微信时，如果我们输入的账号和密码都正确，那么就可以成功登录，否则就会显示登录失败。那么 QQ 或者微信是怎么知道我们的账号和密码是否正确的呢？这里就用到了判断分支语句。

判断分支语句是计算机编程中一个非常重要的知识点，在 Python 编程中也会经常用到。在程序遇到问题时，判断分支语句可以根据条件做出相应的处理。

2.1 Python 中的关系运算符

在学习判断分支语句之前，先学习关系运算符。在 Python 中关系运算符包括 >（大于号）、>=（大于或者等于号）、<（小于号）、<=（小于或者等于号）、==（等号）、! =（不等号），统称关系运算符，如表 2-1 所示。程序中的大于号和小于号与数学中的符号是一样的。需要注意的是，在程序中，等号使用 "=="，也就是数学中的两个等号 "="，而不等号 "! =" 由一个感叹号和一个等号组成。

表 2-1　Python 中的关系运算符

运算符	含义
>	大于
>=	大于或者等于
<	小于
<=	小于或者等于
==	等于
!=	不等于

2.2 True 还是 False

接下来，我们一起认识 True 和 False 这两个关键字。True 是正确的意思，False 是错误的意思。在 Python 中，关系运算的结果要么是 True，要么是 False。如果判断的条件成立，那么结果就是 True，否则就是 False。

如图 2-1 所示的程序是在 IDLE 文本模式下编写的，共列举了 5 个关系运算的例子，都是把关系运算的结果赋值给变量，然后再输出这个变量的值。

运行结果如图 2-2 所示，可以看出运行的结果都为 True，说明这 5 个关系运算的判断条件都是成立的。

图 2-1 关系运算符程序   图 2-2 程序运行结果

第 1、2 行：关系运算式（100>90）是成立的，所以输出结果为 True。

第 4、5 行：即使关系运算式（100>=90）不满足 100 等于 90，但是满足 100 大于 90 这个条件，所以关系运算的结果为 True。

第 7、8 行：即使不满足 100 大于 100，但是满足 100 等于 100 这个条件，所以关系运算的结果还是为 True。

第 10、11 行：毫无疑问，100 等于 100，所以关系运算的结果为 True。

第 13、14 行：很明显，100 不等于 90 是成立的，所以关系运算的结果为 True。

有关 False 判断的示例程序如图 2-3 所示。程序的运行结果如图 2-4 所示。

图 2-3 关系运算符程序

图 2-4 程序运行结果

第1、2行：关系运算式（100<90）是不成立的，所以第2行输出结果为 False。

第4、5行：关系运算式（100<=90）是不成立的，因为100既不小于90又不等于90，所以第5行输出结果为 False。

第7、8行：关系运算式（100<=100）是成立的，因为100虽然不小于100，但是100等于100，所以第8行输出结果为 True。

第10、14行：关系运算式都是不成立的，所以输出结果都为 False。

2.3 二分支

在第2.1节和第2.2节中，Eric 老师和大家一起学习了 Python 语言中的关系运算符，以及关系运算符的运算结果，那么接下来的学习中，我们将要使用这些关系运算符实现程序的二分支。程序的二分支结构示意图如图2-5所示。

根据图2-5所示的结构，举例来说明二分支的用法，示例程序如图2-6所示。

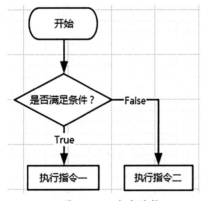

图2-5　二分支结构

图2-6　程序源码

第1行：定义变量a，并赋值为100。

第2、3行：使用if判断语句，判断变量a是否等于100。如果条件成立，则输出"a等于100"。

第4、5行：如果if条件不成立，使用else语句，将会输出"a不等于100"。

● 程序运行结果

程序运行之后，结果如图2-7所示。因为判断语句成立，所以输出"a等于100"。

图 2-7　程序运行结果

Eric 老师温馨提示

在 if 判断语句中，有时括号里面填写的并不是一条判断语句，而是一个数字或者字符串。注意这时的数字 0 和空字符串相当于 False，非 0 整数或者非空字符串相当于 True。

案例 4 判断奇偶数

案例描述

偶数是一个数学名词，指在整数中能被 2 整除的数，也就是 2 的倍数。所有整数不是奇数，就是偶数。那么，接下来就编写一段程序来帮助我们判断奇偶数。

案例分析

使用 input 函数输入一个整数，通过 if 语句判断该数能否被 2 整除，若能整除则说明该数是偶数，否则就是奇数，最后使用 print 函数输出"奇数！"或者"偶数！"即可。

编程实现

根据案例描述和案例分析，编写的案例程序如图 2-8 所示。

图 2-8　判断奇偶数

第1行：使用 input 函数接收用户输入的整数，并把这个整数赋值给变量 integer。

第2行：使用 int 函数将输入的数据进行类型转换，把字符串转换为整数。

第3、4行：使用 if 语句判断变量 integer 被 2 整除之后的余数是否为 1。如果是 1，则输出"奇数！"。

第5、6行：如果变量 integer 被 2 整除之后的余数不为 1，则输出"偶数！"。

● 程序运行结果

　　程序运行之后，结果如图 2-9 所示。第一次运行程序，我们输入 59，程序输出"奇数！"；第二次运行程序，我们输入 2020，程序输出"偶数！"。

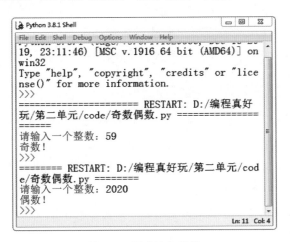

图 2-9　程序运行结果

2.4 多分支

在第 2.3 节中，Eric 老师引导大家一起学习了程序的二分支结构。二分支结构只有一个判断条件，满足条件则执行指令一，不满足条件则执行指令二，通过使用"if…else…"判断语句完成二分支结构的编程。

在很多情况下，程序需要对多个条件进行分析判断，显然二分支结构无法解决这个问题。这时我们就需要用到程序的多分支结构，通过使用"if…elif…else…"语句对多个条件逐一判断。如图 2-10 所示就是程序多分支结构的示意图。

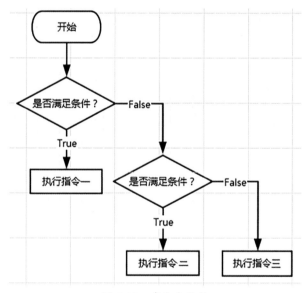

图 2-10　多分支结构

案例 5 由身高确定买全价票、半价票还是免票

案例描述

在为儿童购买汽车票、火车票时，售票员通常会询问儿童的身高。按照目前的规定：身高超过 150cm 的儿童需要购买全价票，身高为 120cm ～ 150cm 的儿童需要购买半价票，身高为 120cm 以下的儿童不需要买票。

那么，如何编写一段程序帮助我们判断儿童是否需要买票，以及需要买半价票还是全价票呢？

✎ **案例分析**

从案例描述中，可以得出 3 种结果：全价票、半价票、免票。由此可见，将会用到程序的多分支结构，即使用"if…elif…else…"的语句编程。

✎ **编程实现**

根据案例描述和案例分析，可编写案例程序如图 2-11 所示。

```
半票全票.py - D:/编程真好玩/第二单元/code/半票全票.py (3.8.1)
File  Edit  Format  Run  Options  Window  Help
1 height = input("请输入身高：")
2 height = int(height)
3 if(height >= 150):
4     print("全价票！")
5 elif(height >= 120):
6     print("半价票！")
7 else:
8     print("免票！")
9
                                            Ln: 9 Col: 0
```

图 2-11　案例程序

**程序详解**

第 1 行：使用 input 函数接收用户输入的身高，并把身高赋值给变量 height。

第 2 行：使用 int 函数把 height 转化为整数。

第 3、4 行：如果整数 height 大于或者等于 150cm，则输出"全价票！"。

第 5、6 行：如果不满足第 3 行的条件，则再判断整数 height，如果大于或者等于 120cm，则输出"半价票！"。

第 7、8 行：如果不满足第 3 行、第 5 行的条件，那么就输出"免票！"。

● **程序运行结果** ◄

程序运行之后，结果如图 2-12 所示。我们总共运行了 3 次程序，分别输入 3 个不同的身高，程序相应地输出了 3 种不同的结果。第一次运行程序，我们输入身高为 180，程序判断后，输出了"全价票！"；第二次运行程序，我们输入身高为 140，程序判断后，输出了"半价票！"；第三次运行程序，我们输入身高 110，程序判断后，输出了"免票！"。

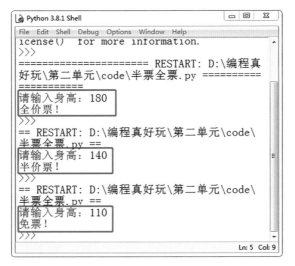

图 2-12　程序运行结果

2.5 ▸ and（并且）

　　在英语中单词"and"是"并且、与"的意思，那么在 Python 程序中，作为关键字"and"又是什么意思？它有哪些作用呢？在本节中，Eric 老师将会带领大家一起学习关键字"and"在 Python 编程中的用法。

　　在奇偶数的判断案例中，我们是对一个整数进行判断，在全价票、半价票与免票的案例中我们是对身高进行判断，这两个案例都是对单个对象进行判断。如果想要对多个对象同时进行判断，应该怎么办呢？

　　针对多个对象同时进行判断的情况，Eric 老师给大家介绍两种方法。第一种方法是利用我们已经学习过的知识，其逻辑结构如图2-13所示。即使用双重判断方式，

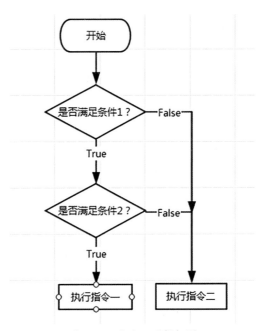

图 2-13　方法一逻辑框图

在满足条件1的前提下判断是否满足条件2，如果满足则执行指令一，这样指令一就是在同时满足两个条件的情况下才会执行。

第二种方法是使用关键字"and"，其逻辑结构如图2-14所示。我们只需要使用一条判断语句就可以达到与第一种方法同样的效果。很明显，"and"关键字的使用使程序变得更加简洁。

接下来，我们通过求3个数中最大数的一段程序，来认识"and"在Python判断语句中的用法，程序如图2-15所示。

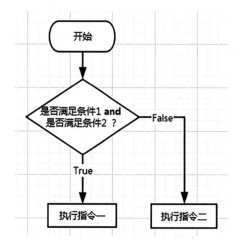

图 2-14　方法二逻辑框图

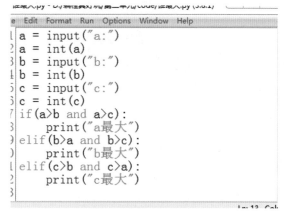

```
a = input("a:")
a = int(a)
b = input("b:")
b = int(b)
c = input("c:")
c = int(c)
if(a>b and a>c):
    print("a最大")
elif(b>a and b>c):
    print("b最大")
elif(c>b and c>a):
    print("c最大")
```

图 2-15　求最大数程序

案例 6 放假去哪儿游玩

案例描述

父母都希望孩子们的学习成绩棒棒的，于是会给孩子们很多的鼓励措施。如在期末考试之前，父母会跟孩子约定，如果语、数、外三科都在95分以上，那么全家出国游一周；如果语、数、外三科都在85分以上，那么全家省外旅游一周；否则省内游三天。如何编写一段Python程序来帮助我们判断期末考试后应该去哪儿游玩呢？

案例分析

从案例描述中可以看出，需要对多个对象进行判断，分别是语文、数学、英语，而且这三者必须同时满足条件，才能确定去哪里游玩。

✎ 编程实现

对于程序输入部分，分别输入语文、数学、英语三科的成绩。

对于程序输出部分，分别为"国外旅行一周！"、"省外旅行一周！"或"省内旅行三天！"。

案例的程序如图 2-16 所示。

```
去哪里旅游.py - D:/编程真好玩/第二单元/code/去哪里旅游.py (3.8.1)
File  Edit  Format  Run  Options  Window  Help
 1 a = input("请输入语文成绩：")
 2 a = int(a)
 3 b = input("请输入数学成绩：")
 4 b = int(b)
 5 c = input("请输入英语成绩：")
 6 c = int(c)
 7 if(a >= 95 and b >= 95 and c >= 95):
 8     print("国外旅行一周！")
 9 elif(a >= 85 and b >= 85 and c >= 85):
10     print("省外旅行一周！")
11 else:
12     print("省内旅行三天！")
13
                                   Ln: 13  Col: 0
```

图 2-16 案例程序

 程序详解

第1行：使用 input 函数接收用户输入的语文成绩，并把成绩赋值给变量 a。

第2行：使用 int 函数把字符串 a 转换为整数 a。

第3、4行：使用 input 函数接收用户输入的数学成绩，并把成绩赋值给变量 b；使用 int 函数把字符串 b 转换为整数 b。

第5、6行：使用 input 函数接收用户输入的英语成绩，并把成绩赋值给变量 c；使用 int 函数把字符串 c 转换为整数 c。

第7行：由于必须三科成绩都不低于95分的时候，才能去国外游一周，所以需要对三科成绩分别进行判断。在 if 判断语句中，使用两个"and"关键字把3个判断条件连接起来。只有当3个条件同时得到满足的时候，整个 if 语句才为真，才会输出"国外旅行一周！"。

第8行：如果第7行条件成立，则会输出"国外旅行一周！"。

第9、10行：如果三科成绩都大于或等于85，则输出"省外旅行一周！"。

第11、12行：如果以上条件都不满足，则执行第12行的程序，输出"省内旅行三天！"。

● **程序运行结果**

　　第一种情况，当程序运行以后，分别输入 96、97、100，程序运行结果如图 2-17 所示。由此可见，当三科成绩都在 95 分以上的时候，程序将输出"国外旅行一周！"。

　　第二种情况，当程序运行以后，分别输入 96、90、100，程序运行结果如图 2-18 所示。由此可见，虽然有两科成绩在 95 分以上，但有一科在 85 ～ 95 分，程序输出"省外旅行一周！"。

图 2-17　程序运行结果一

图 2-18　程序运行结果二

图 2-19　程序运行结果三

　　第三种情况，当程序运行以后，分别输入 80、90、85，程序运行结果如图 2-19 所示。由此可见，只要有一科成绩在 85 分以下，程序就会输出"省内旅行三天！"。

2.6　or（或者）

　　在 Python 判断语句中，除了关键字"and"之外，还有一个与之对应的关键字"or"。在英语中单词"or"是"或者"的意思，而在判断语句中，则表示只要有一个条件满足即可。接下来，Eric 老师带领大家一起学习关键字"or"在 Python 编程中的用法。

　　针对同时对多个对象进行判断的情况，"and"关键字可以用于同时满足条件的情况，"or"关键字则是用于不需要同时满足条件的情况。Eric 老师依旧给大家介绍两种方法。

第一种方法是利用我们已经学习过的知识，其逻辑结构如图 2-20 所示。使用双重判断方式，在满足条件 1 的情况下，执行指令一，不需要再判断条件 2 是否满足；在不满足条件 1 的情况下再判断条件 2 是否满足，如果满足则执行指令一。这样只要有一个条件满足，指令一就会被执行。

第二种方法是利用关键字"or"把多个条件连接起来，逻辑结构如图 2-21 所示。只要有一个条件满足，指令一就会被执行。

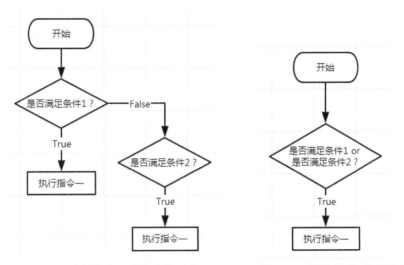

图 2-20　双重判断实现"或者"功能　　　图 2-21　关键字"or"的使用

案例 7 阶梯电价怎么算

案例描述

阶梯式电价是阶梯式递增电价或阶梯式累计电价的简称，也称为阶梯电价，是指把居民均用电量设置为若干个阶梯分段或分档次定价计算费用。对居民用电实行阶梯式递增电价可以提高能源效率。通过分段电量可以实现细分市场的差别定价，提高用电效率。

某市居民阶梯电价将城乡居民每月用电量分为三档，电价实行分档递增：第一档电量为 2880 千瓦时及以下的电量，电价为 0.5 元 / 千瓦时；第二档电量为 2881 ～ 4800 千瓦时，电价标准比第一档电价提高 0.1 元 / 千瓦时，即 0.6 元 / 千瓦时；第三档电量为超过 4800 千瓦时的电量，电价标准比第二档电价提高 0.2 元 / 千瓦时，即 0.8 元 / 千瓦时。编写一段Python 程序，计算居民一年的电费。

案例分析

从案例描述中可以看出，我们需要对用户输入的总电量进行判断，分别计算出在各个不同档的用电量及相应的电费，最后电费相加即为一年的电费。

编程实现

程序输入部分为一年的用电量数据，程序输出部分为一年的电费。编写的案例程序如图 2-22 所示。

```
阶梯电费.py - D:/编程真好玩/第二单元/code/阶梯电费.py (3.8.1)
File  Edit  Format  Run  Options  Window  Help
1  a = input("请输入用电量：")
2  a = float(a)
3  if(a<=2880):
4      s = 0.5 * a
5  elif(a <= 4800):
6      s = 0.5*2880+0.6*(a-2880)
7  else:
8      s = 0.5*2880+0.6*(4800-2880)+0.8*(a-4800)
9  print("电费为：",s)
10
                                              Ln: 9  Col: 14
```

图 2-22   案例源码

第 1 行：使用 input 函数接收用户输入的用电量，并把用电量赋值给变量 a。

第 2 行：使用 float 函数把字符串 a 转化为小数类型。

第 3、4 行：如果用电量 a 不超过 2880 千瓦时，则处于第一档电量以内，那么电费按 0.5 元 / 千瓦时收取。

第 5、6 行：如果用电量 a 超过 2880 千瓦时，且不超过 4800 千瓦时，则超过了第一档电量，那么其中处于第一档电量的 2880 千瓦时的电费按 0.5 元 / 千瓦时收取，处于第二档电量的部分按 0.6 元 / 千瓦时收取。

第 7、8 行：如果用电量 a 超过 4800 千瓦时，则超过第一、二档电量，那么其中处于第一档电量的 2880 千瓦时按 0.5 元 / 千瓦时收取，处于第二档电量的 1920 千瓦时按 0.6 元 / 千瓦时收取，处于第三档电量的部分按 0.8 元 / 千瓦时收取。

第 9 行：使用 print 函数输出电费。

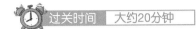

编程过关挑战——鸡兔同笼，鸡兔多少怎么算

难易程度 ★★☆☆☆　　过关时间 大约20分钟

挑战介绍

对于数学中鸡兔同笼的问题，同学们一定很熟悉，仿佛又回到了奥数课堂，编程本来就离不开数学。接下来我们尝试用编程的方法来解决鸡兔同笼问题。题目如下：鸡兔同笼，共有 30 个头，88 只腿，求笼中鸡兔各有多少只？

思路分析

遇到这类问题，我们可以使用枚举法。枚举法是一种常见的分析问题、解决问题的方法。基本思路是先依据题目中的部分条件将所有可能的解列举出来，然后利用其余的条件对所有可能的解一一验证，删除那些不符合条件的解，剩下符合条件的解就是整个问题的解。

初步得出两个条件：

① 头数（鸡 + 兔）= 30。

② 腿数（鸡腿 + 兔腿）= 88。

编程实现

根据思路分析，可以编写出如图 2-23 所示的程序。

```
鸡兔同笼.py - D:/编程真好玩/第二单元/code/鸡兔同笼.py (3....
File  Edit  Format  Run  Options  Window  Help
for j in range(0,31):
    for t in range(0,31):
        if(j + t) == 30:
            if(j*2 + t*4) == 88:
                print("鸡：",j)
                print("兔：",t)

Ln: 7  Col: 0
```

图 2-23　程序源码

· 关键代码行含义 ·

第1行：定义变量 j 表示鸡的数量，鸡最多 30 只，让 j 从 0 开始遍历到 30。

第2行：定义变量 t 表示兔的数量，兔最多 30 只，让 t 从 0 开始遍历到 30。

第3行：在双重循环下判断鸡的数量加兔的数量是否为 30。

第4行：判断鸡腿加兔腿的数量是否为 88。

第5、6行：分别输出鸡和兔的数量。

编写完成程序，然后运行程序，结果如图 2-24 所示。

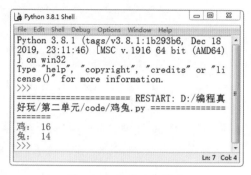

图 2-24　程序运行结果

在本单元中，我们主要学习了 Python 程序三大结构之一 —— 判断分支结构。判断分支结构不同于前面学过的顺序结构，程序不再是逐行执行，而是有选择地执行。判断分支结构通过 if 判断语句来实现。在判断语句中缺少不了关系运算式，关系运算式必须有关系运算符 —— ">" "<" "==" 等。关系运算式的运算结果只有两个：True 或者 False，即 "真"或者 "假"。通过判断语句的使用，我们发现 Python 能够完成的工作又多了很多，比如计算阶梯电价、解决鸡兔同笼问题。

我是绘画大师

——turtle海龟做图

在这一单元中，Eric 老师将和大家一起学习 Python 编程中的 turtle 模块。turtle 模块是 Python 语言中一个很流行的绘制图形的函数库。

turtle 这个单词的中文翻译是"海龟"，可以想象为一只小海龟在海滩上自由自在地爬行，并留下它的爬行轨迹，就好像在绘图一样。使用 turtle 模块绘图与小海龟在海滩爬行类似，只不过真正的小海龟是在海滩上，turtle 模块绘制的图形是在计算机的屏幕上。

turtle 模块的功能非常强大，我们不但可以使用这个模块画简单的几何图形（如三角形、多边形、圆形），还可以使用它画出一棵复杂的圣诞树，以及一些卡通人物、动物等。

3.1 模块

模块又可称为函数库，是 Python 编程中很重要的一个概念。在下面的内容中 Eric 老师将为同学们讲解有关模块的基础知识。

3.1.1 模块的定义

在 Python 语言中，模块就是一个 Python 文件，以 ".py" 结尾，包含了 Python 对象定义和 Python 语句。

模块能够帮助我们有逻辑地组织编写的 Python 代码段，把相关的代码分配到一个模块里能让代码更好用，更容易理解。通过模块能够定义函数、类和变量，同时，模块中也可以包含可执行的代码。

3.1.2 模块的导入方法

在编程时如果需要使用模块的功能，应该在程序的开始先导入模块，然后才能调用模块。一般使用 "import" 关键字来导入模块，导入一个模块的方法如下：

```
import 模块名
```

导入多个模块的方法如下：

```
import 模块名,模块名
```

导入 turtle 模块后，我们就可以调用该模块中的函数，实现想要的功能。导入 turtle 模块的方法如下：

```
import turtle
```

3.1.3 为模块重命名

有时模块名太长，为了在程序中方便使用，我们可以为模块取一个简单的名字，方法如下：

```
import turtle as t
```

这样我们就给 turtle 模块取了一个别名 —— t，即在程序中就可以直接使用 t 来表示 turtle 模块了。

3.2 小海龟前进——forward 函数

在第 3.1 节中我们使用"import turtle"这条语句导入了 turtle 模块，现在使用该模块中的 forward 函数画一条带箭头的直线，示例程序如图 3-1 所示。

图 3-1　forward 函数的使用

第 1 行：导入 turtle 模块。

第 2 行：使用 turtle 模块中的 forward 函数画一条带箭头的直线，这条直线的长度为 100 个像素点。

Eric 老师温馨提示

　　在上面的示例中，100 个像素点到底有多长呢？显示器分辨率就是构成图像的像素和，每个型号的计算机的分辨率是不一样的。例如，14 英寸的屏幕约 285.7 毫米 ×214.3 毫米，屏幕分辨率为 1366×768，意思就是屏幕宽由 1366 个像素点组成，屏幕高由 768 个像素点组成，由此可以算出一个像素点的大小约为 0.21 毫米 ×0.28 毫米。显示器可显示的点数越多，画面就越清晰，同样的屏幕区域内能显示的信息也越多，所以分辨率是一个非常重要的性能指标。

● **程序运行结果**

编写完程序并保存，然后选择"Run"→"Run Module"命令即可运行程序，IDLE 软件会弹出一个窗口，我们可以清晰地看到一个黑色的箭头往右边运动，并画出一条黑色的直线，如图 3-2 所示。

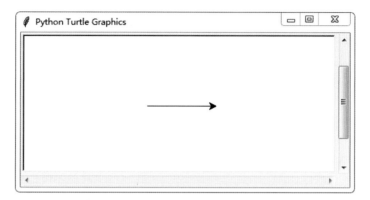

图 3-2　程序运行结果

如图 3-2 所示，程序运行实际上画出的是一个带箭头的直线，并且箭头方向向右。其实我们可以把这个箭头看成一只小海龟，直线就是小海龟在海滩上爬行留下的轨迹。

3.3　隐藏"小海龟"——hideturtle 函数

如果我们想要画一条不带箭头的直线，可以通过 hideturtle 函数把"小海龟"隐藏起来，示例程序如图 3-3 所示。

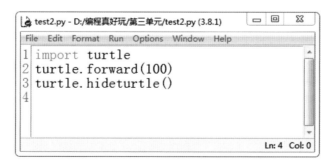

图 3-3　hideturtle 函数的使用

程序详解

第1行：导入 turtle 模块。

第2行：使用 turtle 模块中的 forward 函数画一条带箭头的直线，这条直线的长度为100个像素点。

第3行：调用 hideturtle 函数隐藏箭头。

● **程序运行结果**

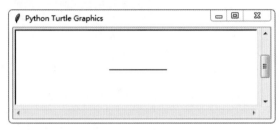

图3-4　程序运行结果

编写完程序并保存，然后选择 "Run" → "Run Module" 命令即可运行程序，IDLE 软件会弹出一个窗口，我们可以清晰地看到一个黑色的箭头往右边运动，并画出一条黑色的直线，然后箭头消失，最终图形如图3-4所示。

3.4 小海龟转向——left 和 right 函数

小海龟不仅会直行，还会转弯。在此 Eric 老师给大家介绍小海龟转弯的函数 left 与 right。顾名思义，left 函数的功能就是实现左转，right 函数的功能就是实现右转。

3.4.1 让小海龟左转——left 函数

首先，我们学习左转函数 left 的用法。使用 left 函数时需要传递一个参数，即左转的角度，示例程序如图3-5所示。

图3-5　left 函数的使用

 **程序详解**

第1行：导入 turtle 模块。

第2行：调用 left 函数使小海龟向左转90°。

第3行：调用 forward 函数画一条带箭头的直线，这条直线的长度为 50 个像素点。

● **程序运行结果**

运行程序，结果如图 3-6 所示。按照"上北下南，左西右东"的方位来看，"小海龟"本来的方向是向东的，经过向左转 90°以后，"小海龟"的方向变为向北。因此，最终我们看到的是一条箭头向上的直线。

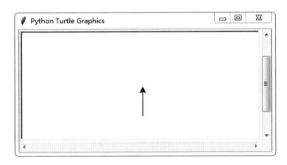

图 3-6　箭头向上的直线

3.4.2 让小海龟右转——right 函数

现在我们学习右转函数 right 的用法。使用 right 函数也需要传递一个参数，即右转的角度，示例程序如图 3-7 所示。

```
import turtle
turtle.forward(100)
turtle.left(90)
turtle.forward(100)
turtle.right(90)
turtle.forward(100)
turtle.hideturtle()
```

图 3-7　right 函数的使用

第1行：导入 turtle 模块。

第2行：调用 forward 函数画一条长度为100个像素点的带箭头的直线。

第3行：调用 left 函数使海龟向左转90°。

第4行：调用 forward 函数画一条长度为100个像素点的带箭头的直线。

第5行：调用 right 函数使海龟向右转90°。

第6行：调用 forward 函数画一条长度为100个像素点的带箭头的直线。

第7行：调用 hideturtle 函数隐藏箭头。

● **程序运行结果**

程序运行之后，结果如图3-8所示。

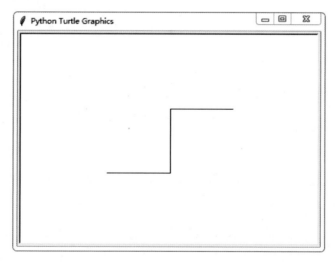

图3-8　程序运行结果

案例 8 画个正方形

案例描述

在了解了对"小海龟"的基础操作之后，大家一定已经跃跃欲试了吧？别急，接下来 Eric 老师将带领大家使用 turtle 模块编程，画一个边长为100个像素单位的正方形。

 案例分析

正方形是由两条横线和两条竖线组成的。在前面的小节中，我们既画了横线，也画了竖线，那么再结合正方形的特征：四条边长度相等，四个角都为90°，我们就可以非常容易地画出正方形了。

 编程实现

根据案例描述，编写案例程序如图3-9所示。

图3-9　程序源码

程序详解

第1行：导入 turtle 模块。

第2行：使用 forward 函数画出一条
　　　　长度为100个像素点的带箭头的直线。

第3行：方向左转90°。

第4行：使用 forward 函数再画出一条长度为100个像素点的带箭头的直线。

第5行：方向左转90°。

第6行：使用 forward 函数画出一条长度为100个像素点的带箭头的直线。

第7行：方向左转90°。

第8行：使用 forward 函数画出一条长度为100个像素点的带箭头的直线。

第9行：使用 hideturtle 函数隐藏箭头。

● **程序运行结果**

编写完程序并保存，然后选择"Run"→"Run Module"命令即可运行程序，IDLE弹出一个新窗口，可以看到一个正方形被绘制出来，程序运行结果如图3-10所示。

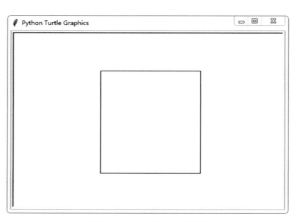

图3-10　程序运行结果

3.5 正多边形内角和计算

在前面的小节中，我们使用 turtle 模块绘制了正方形，那么如何绘制正五边形、正六边形，甚至是正七边形呢？根据前面绘制正方形的经验可知，只要知道正多边形的内角度数就能够绘制出该多边形。

那么，正多边形的内角是多少度，应该怎么计算呢？这是一个数学几何问题，有些同学可能数学上还没学到，为了让大家绘制出正多边形，Eric 老师先告诉大家计算正多边形内角和及单个内角的公式。边数确定，则正多边形的内角和是相等的。假定为正 n 边形，则正多边形的内角和及单个内角的计算公式如下：

$$内角和 = 180° × （n-2）$$

$$内角 = 180° × （n-2）/n$$

将边数代入上述公式可得：正五边形的单个内角为 180°×(5-2)/5=108°，正六边形的单个内角为 180°×(6-2)/6=120°。

案例 9 画个正六边形

案例描述

在案例 8 中，Eric 老师和大家一起绘制了一个正方形。现在我们提高一点难度：使用 turtle 编程，画一个边长为 100 个像素单位的正六边形。

图 3-11 绘制正六边形的程序源码

案例分析

使用正多边形的内角计算公式，我们可以非常容易地计算出正六边形的内角为 120°。

编程实现

根据案例描述，编写的案例程序如图 3-11 所示。

第1行：导入 turtle 模块。

第2行：使用 forward 函数画出一条带箭头的直线，长度为 100 个像素点。

第3行：方向左转 60°。

第4行：使用 forward 函数画出一条带箭头的直线，长度为 100 个像素点。

第5行：方向左转 60°。

第6行：使用 forward 函数画出一条带箭头的直线，长度为 100 个像素点。

第7行：方向左转 60°。

第8行：使用 forward 函数画出一条带箭头的直线，长度为 100 个像素点。

第9行：方向左转 60°。

第10行：使用 forward 函数画出一条带箭头的直线，长度为 100 个像素点。

第11行：方向左转 60°。

第12行：使用 forward 函数画出一条带箭头的直线，长度为 100 个像素点。

第13行：使用 hideturtle 函数隐藏箭头。

● 程序运行结果

编写完程序并保存，然后选择"Run"→"Run Module"命令即可运行程序，IDLE 弹出一个新窗口，可以看到画出了一个正六边形，结果如图 3-12 所示。

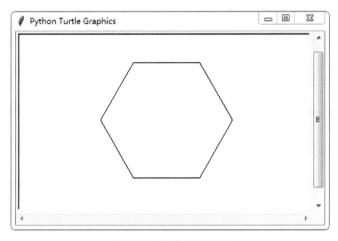

图 3-12　程序运行结果

3.6 小海龟转圈圈——circle 函数

turtle 模块除了可以前进、转向、绘制多边形以外，还可以绘制圆形。相对于绘制正方形，绘制圆形更加简单，只需要一个函数就能完成。绘制圆形的函数如下：

```
circle(r)
```

circle 函数的作用是绘制一个圆形，参数 r 为圆的半径。接下来 Eric 老师就给大家演示如何绘制一个半径为 100 个像素点的圆形，程序如图 3-13 所示。

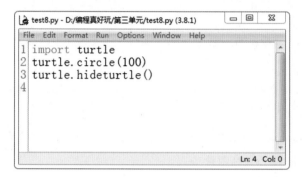

图 3-13　绘制圆形的程序源码

可以看出，通过 3 行程序就完成了绘制圆形的编程。程序运行结果如图 3-14 所示，我们看到一个圆形已经呈现在屏幕上。

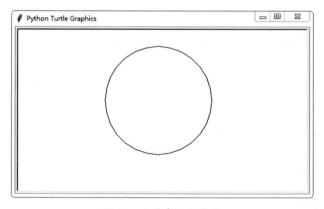

图 3-14　程序运行结果

3.7 正多边形的简单画法

在前面的小节中讲解绘制正多边形时，编程中语句比较多，还要计算内角的度数，很是烦琐。现在 Eric 老师给大家介绍一种简单的编程方法来绘制正多边形。

circle（r, steps = x）

如上格式中，给 circle 函数传递两个参数，参数 r 表示正多边形外接圆的半径，参数 x 表示正多边形的边数。下面使用该函数绘制一个正九边形，正九边形外接圆的半径为 100 个像素点。程序如图 3-15 所示。

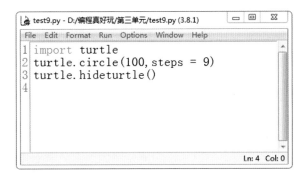

图 3-15　绘制正九边形的程序源码

程序运行结果如图 3-16 所示，可以看到已经成功地绘制出了一个正九边形。

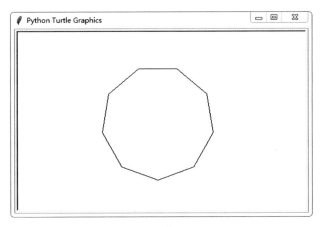

图 3-16　程序运行结果

3.8 画笔变颜色

既然是绘画，总不能全是黑白画。现在 Eric 老师给大家介绍一个能画彩色画的函数——pencolor。很明显，这个函数名由两个单词组成，即 pen 和 color。pen 是 "画笔" 的意思，color 是 "颜色" 的意思，使用 pencolor 函数可以给画笔设置各种颜色。

pencolor（颜色）

pencolor 函数带一个参数，该参数为画笔颜色，是一个字符串类型，如 "green"、"red" 和 "blue" 等颜色的单词。需要注意的是，必须在画图前调用该函数，这样画出的图形才能应用该颜色。那么，怎么绘制一个如图 3-17 所示的蓝色圆形呢？

绘制蓝色圆形的程序如图 3-18 所示。在调用 circle 函数之前，要先调用 pencolor 函数，并设置画笔为 "blue"（蓝色），这样画出来的圆形即为蓝色。

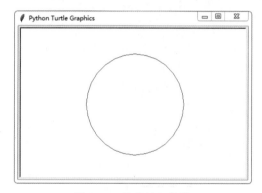

图 3-17　程序运行结果

图 3-18　程序源码

3.9 给图形填充颜色

在第 3.8 节中，我们绘制的圆形内部是白色，只有线是蓝色的。那能不能画出整个圆都是蓝色的呢？即一个蓝色的圆饼。使用过绘图软件的同学都知道，只需要给圆填充蓝色就可以。在此，Eric 老师再带大家认识两个函数——begin_fill（开始填充）和 end_fill（结束填充）。在开始填充之前，也需要先设置填充颜色，使用 fillcolor 函数即可设置填充的颜色。示例程序代码如图 3-19 所示。

程序运行之后，结果如图 3-20 所示，一个蓝色的圆饼已经绘制完成。

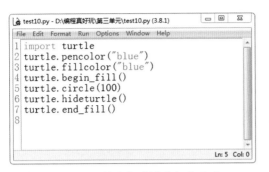

图 3-19　绘制蓝色圆饼的程序源码

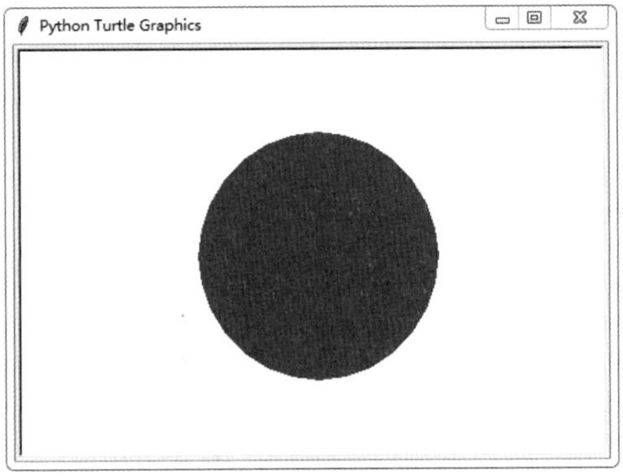

图 3-20　程序运行结果

案例 10 闪闪的红星

案例描述

在上面的小节中，Eric 老师和大家一起学习了如何给图形添加颜色，并绘制了一个蓝色的圆饼。下面再增加一下图形的难度，如图 3-21 所示是一颗红色的五角星，根据图形编写出对应的程序。

图 3-21　闪闪的红星

案例分析

我们先不管五角星是什么颜色，先画出五角星的形状；然后计算出五角星每个角的

度数为 36°（即 180°÷5），因此我们得到每当画完一条线后，turtle 方向应该左转或者右转
144°（180°-36°）。

画笔颜色应该为红色，填充色也应该为红色。

编程实现

根据案例描述，编写案例程序源码如图 3-22 所示。

```
test11.py - D:/编程真好玩/第三单元/test11.py (3.8.1)
File  Edit  Format  Run  Options  Window  Help
1  import turtle
2  turtle.pencolor("red")
3  turtle.fillcolor("red")
4  turtle.begin_fill()
5  for i in range(5):
6      turtle.forward(200)
7      turtle.right(144)
8  turtle.hideturtle()
9  turtle.end_fill()
10
                                        Ln: 10  Col: 0
```

图 3-22　绘制五角星的程序源码

程序详解

第 1 行：导入 turtle 模块。

第 2 行：设置画笔颜色为红色。

第 3 行：设置填充颜色为红色。

第 4 行：开始填充颜色。

第 5 ~ 7 行：绘制一个五角星。

第 8 行：隐藏箭头。

第 9 行：结束颜色填充。

Eric 老师温馨提示

绘制图形的代码必须位于开始填充颜色与结束填充颜色之间。

3.10 绘制多个图形

在前面的小节中，Eric 老师给大家介绍的都是单个图形的绘制方法，那么怎么绘制多个图形呢？在此 Eric 老师先带大家学习 3 个函数，这 3 个函数能帮助我们绘制多个图形。分别如下：

penup（）

penup 函数没有参数，作用是把笔抬起来，离开画布，这个时候还不能做画，因为笔离开了画布。

pendown（）

pendown 函数也没有参数，作用与 penup 函数相反，放下画笔，让笔接触到画布，这个时候可以开始做画。

setpos（x, y）

setpos 函数的作用是移动画笔，把画笔移动到某一固定的坐标点（x, y）。

通过对上面 3 个函数的学习，我们可以总结出绘制多个图形的一般方法，那就是先绘制一个图形，然后抬起笔，移动到下一个位置，放下笔，继续绘制第二个图形。

案例 11 两个圆形

案例描述

在前面的小节中，我们学习了 3 个函数：penup（抬笔）、setpos（移动）、pendown（落笔）。现在和 Eric 老师一起通过对这 3 个函数的使用，编程绘制上下两个圆饼，一个红色，一个蓝色，半径都为 60 个像素单位。

案例分析

我们可以先绘制上面的红色圆饼：画一个红色的圆形，然后填充红色。再绘制下面的蓝色圆饼：画一个蓝色的圆形，然后填充蓝色。

✏️ **编程实现**

根据案例描述和分析，编写的示例程序如图 3-23 所示，这就是 Eric 老师给大家介绍的如何绘制两个不同颜色圆饼的源码。

```
test12.py - D:/编程真好玩/第三单元/test12.py (3.8.1)
File  Edit  Format  Run  Options  Window  Help
1  import turtle
2  turtle.pencolor("red")
3  turtle.fillcolor("red")
4  turtle.begin_fill()
5  turtle.circle(60)
6  turtle.end_fill()
7
8  turtle.penup()
9  turtle.setpos(0, -140)
10 turtle.pendown()
11
12 turtle.pencolor("blue")
13 turtle.fillcolor("blue")
14 turtle.begin_fill()
15 turtle.circle(60)
16 turtle.end_fill()
17
18 turtle.hideturtle()
19
                                        Ln: 19  Col: 0
```

图 3-23　程序源码

第 1 行：导入 turtle 模块。

第 2 ~ 6 行：绘制一个红色圆饼。

第 8 行：调用 penup 函数抬起画笔。

第 9 行：调用 setpos 函数设置新的位置。

第 10 行：调用 pendown 函数放下画笔。

第 12 ~ 16 行：绘制一个蓝色圆饼。

第 18 行：隐藏箭头。

● **程序运行结果**

程序运行之后，结果如图 3-24 所示。可以看出绘制了两个圆饼，上面是一个红色圆饼，下面是一个蓝色圆饼。

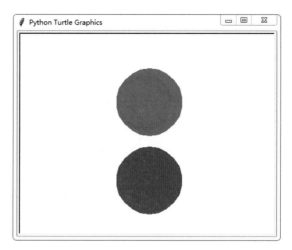

图 3-24　程序运行结果

编程过关挑战——绘制奥运五环标志

难易程度　★★★★☆　　　过关时间　大约50分钟

挑战介绍

如图 3-25 所示是一个奥运五环标志，是人们广泛认知的奥林匹克运动会的标志。它由 5 个奥林匹克环套接组成，有蓝、黄、黑、绿、红 5 种颜色。

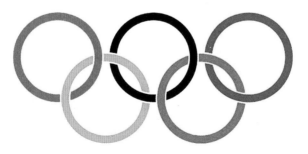

图 3-25　奥运五环标志

大家结合本单元所讲解的知识，使用 turtle 模块编程绘制一个奥运五环标志，效果如图 3-26 所示。

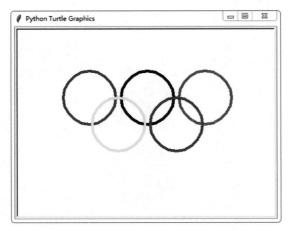

图 3-26　挑战实现目标

思路分析

奥运五环由 5 个不同颜色的圆环组成，我们只需在相应的位置绘制 5 个对应颜色的圆环即可。

编程实现

为实现本挑战任务，我们可以分两步完成这个案例，具体如下。

第 1 步 先绘制出一个简单的黑色五环，程序代码如图 3-27 所示。

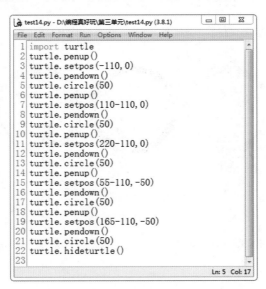

```python
import turtle
turtle.penup()
turtle.setpos(-110,0)
turtle.pendown()
turtle.circle(50)
turtle.penup()
turtle.setpos(110-110,0)
turtle.pendown()
turtle.circle(50)
turtle.penup()
turtle.setpos(220-110,0)
turtle.pendown()
turtle.circle(50)
turtle.penup()
turtle.setpos(55-110,-50)
turtle.pendown()
turtle.circle(50)
turtle.penup()
turtle.setpos(165-110,-50)
turtle.pendown()
turtle.circle(50)
turtle.hideturtle()
```

图 3-27　案例程序

·关键代码行含义·

第 1 行：导入 turtle 模块。

第 2 ~ 5 行：绘制第一个圆形。

第 6 ~ 9 行：绘制第二个圆形。

第 10 ~ 13 行：绘制第三个圆形。

第 14 ~ 17 行：绘制第四个圆形。

第 18 ~ 21 行：绘制第五个圆形。

第 22 行：隐藏箭头。

执行以上程序代码，运行结果如图 3-28 所示。

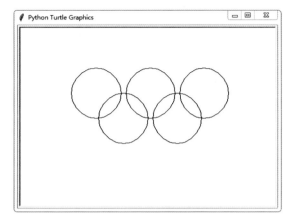

图 3-28　程序运行结果

第 2 步 我们发现在图 3-27 的程序中有非常多的重复代码，因此我们可以使用函数把重复的代码封装起来，减少代码量，然后再添加设置画笔大小和画笔颜色的程序，即可完成奥运五环标志的绘制。程序代码如图 3-29 所示。

test15.py - D:/编程真好玩/第三单元/test15.py (3.8.1)

File Edit Format Run Options Window Help

```
1  import turtle
2  
3  def fun1(x,y,r,c):
4      turtle.penup()
5      turtle.setpos(x,y)
6      turtle.pendown()
7      turtle.pensize(5)
8      turtle.pencolor(c)
9      turtle.circle(r)
10 
11 fun1(0-110,0,50,"blue")
12 fun1(110-110,0,50,"black")
13 fun1(220-110,0,50,"red")
14 fun1(55-110,-50,50,"yellow")
15 fun1(165-110,-50,50,"green")
16 turtle.hideturtle()
17 
```

Ln: 8　Col: 22

图 3-29　程序源码

·关键代码行含义·

第 1 行：导入 turtle 模块。

第 3 ~ 9 行：定义名为 fun1 的函数，该函数有 4 个参数：x 为画笔的横坐标，y 为画笔的纵坐标，r 为圆的半径，c 为画笔颜色。

第 4 ~ 6 行：移动画笔到（x,y）位置。

第 7 行：设置画笔粗细为 5 个像素单位。

第 8 行：设置画笔颜色为 c。

第 9 行：设置圆的半径为 r。

第 11 ~ 15 行：分别调用 5 次 fun1 函数，传入不同的参数，绘制 5 个不同的圆形。

第 16 行：隐藏箭头。

编写完成如图 3-28 所示程序，运行结果如图 3-30 所示。

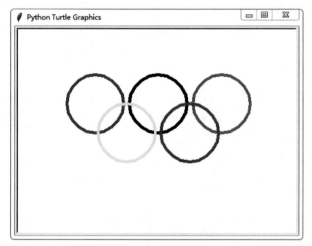

图 3-30　程序运行结果

单元小结

在本单元中，Eric 老师和大家一起学习了 turtle 模块的编程使用方法。使用 turtle 模块绘制一般的几何图形非常方便，只需要导入模块，调用函数即可。我们从易到难，先使用 turtle 模块编程绘制直线、正方形、圆形、正多边形等单个图形，然后改变画笔颜色，设置填充颜色，最后绘制如奥运五环这样的组合图形。

模块的使用可大大降低软件编写的工作量，Python 拥有成千上万个库，这也是 Python 语言风靡全球的原因之一。

永不停息的循环

——让程序重复执行

　　对于钟表我们都很熟悉，时针和分针都顺时针转动，时针从 12 按顺时针转到 1，然后又从 1 转到 12，这样不停地顺时针转动，实际上是循环。同样，程序中也有循环。

　　"循环"指事物周而复始地运动或变化，意思是转了一圈又一圈，一次又一次地循环。比如，公交车从起点站开到终点站，然后又从终点站开往起点站，如此反复，每天如此。地球周而复始地运转，万事万物皆在循环。地球有水循环，人体中有血液循环。

在生活中有很多循环的现象，同样，在程序中也有循环，通过循环语句可以实现循环功能。使用循环，不仅可以优化程序，减少代码量，还可以快速实现一些复杂的功能。在本单元中，Eric 老师将带领大家一起学习 Python 语言中的循环语句，揭开程序循环的奥秘。

4.1 循环的奥秘

无论是使用 Scratch 图形化编程，还是使用 Python 代码编程，循环结构都扮演着重要的角色。循环指令或者循环语句的使用可以避免重复编写代码，从而可以减少重复编写相同或者相近代码的工作，使编程变得更加高效。例如，想要输出一万行"Hello World"，如果重复编写一万行代码，工作量实在太大了，而且基本上不可能编写一万行"print("Hello World")"语句，如果这时使用循环语句编程，问题将会变得非常简单。循环分为有限循环和无限循环。

4.2 for 循环

在 Python 中我们常用的有限循环为 for 循环。使用方法如下：

```
for * in range(n):
    xxxxx
```

在上面的程序语句中，"*"为变量名，n 为循环次数，"xxxxx"为需要循环执行的语句。接下来，我们通过如图 4-1 所示的程序来理解 for 语句实现循环的原理。

图 4-1　示例程序

第 1 行：用 for 语句实现 10 次循环。

第 2 行：使用 print 函数输出变量 i 的值。

● 程序运行结果

程序运行之后，结果如图 4-2 所示，我们可以看出程序输出了 10 行，说明 print 函数执行了 10 次。程序输出的结果为 0～9，共 10 个整数，说明第一次执行 print 函数时，变量 i 的值为 0；第二次执行 print 函数时，变量 i 的值为 1；每执行一次 print 函数，i 的值就增加 1，直到第十次 i 的值为 9。

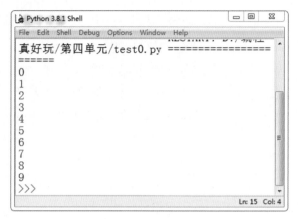

图 4-2　程序运行结果

案例 12　输出 a 行 b

案例描述

编写一段 Python 程序，接收输入的两个数据，第一个输入为一个整数 a，第二个输入为一个字符串 b。运行程序后，输出 a 行字符串 b。

图 4-3　程序源码

案例分析

根据案例描述先定义两个变量 a 和 b，分别用来接收程序输入，然后使用 for 循环，循环 a 次，在循环中使用 print 函数输出字符串 b。

编程实现

根据案例描述和案例分析，编写程序源码如图 4-3 所示。

程序详解

第1行：使用 input 函数接收用户输入数据，并赋值给变量 a。

第2行：使用 input 函数接收用户输入
　　　　数据，并赋值给变量 b。

第3行：使用 int 函数将变量 a 转化为
　　　　整数型。

第4行：使用 for 循环语句，循环 a 次。

第5行：在循环中，使用 print 函数输
　　　　出字符串 b。

● 程序运行结果

　　运行程序之后，分别输入数据
"8"和"你好啊，世界！"，程序运行
结果如图 4-4 所示。

图 4-4　程序运行结果

案例 13 画个"太阳花"

案例描述

　　在单元 3 中，我们学习了 turtle 绘图模块，通过调用相关函数就可以完成一般几何图形
的绘制。那么如何绘制出如图 4-5 所示的"太阳花"（太阳花的边长为 200 个像素单位）呢？

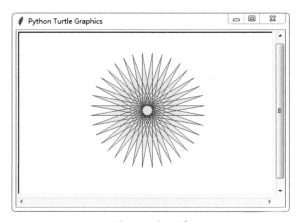

图 4-5　太阳花

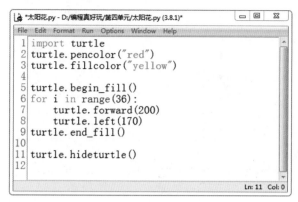

图 4-6　案例程序

涉及画图问题，那么一定会使用 turtle 模块。仔细观察图形，有 36 个角，画笔颜色为红色，填充颜色为黄色。

编程实现

根据案例描述和案例分析，在 IDLE 文本模式下，编写的程序如图 4-6 所示。

第 1 行：导入 turtle 模块。

第 2 行：设置画笔颜色为红色。

第 3 行：设置填充颜色为黄色。

第 5 行：在绘图之前开始填充颜色。

第 6 ~ 8 行：循环 36 次，绘制 36 个角。

第 9 行：结束颜色填充。

第 11 行：隐藏箭头。

程序运行结果

运行案例程序，即可看到绘制出了如图 4-5 所示的"太阳花"。

案例 14 对整数 1 ~ 100 累加求和

案例描述

在小学奥数中，累加、累减的题目非常多，那么怎么用编程的方式帮助我们计算从 1 累加到 100 的整数的和呢？

案例分析

根据案例描述，要想实现数据的累加，程序编写中需要用到循环，需要两个变量：一个变量记录每次累加的结果，另外一个变量作为加数，每次使用完以后自加1。

编程实现

根据案例描述和案例分析，编写的程序源码如图4-7所示。

```
s = 0
for i in range(1, 101):
    s = s+i
print("结果是: ", s)
```

图4-7　累加计算源码

程序详解

第1行：定义一个变量s，并赋初始值为整数0，用来存放累加计算的和。

第2行：使用for循环语句实现变量的递增。

第3行：在循环中，使用s=s+i语句完成累加运算。

第4行：输出累加运算的结果s的值。

● 程序运行结果

程序运行之后，结果如图4-8所示，输出从1累加到100的整数的和为5050，程序计算结果是正确的。

图4-8　程序运行结果

案例 ⑮ 对 1 ~ 100 中的奇数累加求和

案例描述

编写一段 Python 程序计算 1 ~ 100 中所有奇数的和。在案例 14 中，我们通过编程快速计算出从 1 累加到 100 的整数的和为 5050。本案例与案例 14 有相似点，也有不同点，相同的是都是累加计算，不同的是案例 14 是计算 1 ~ 100 所有奇数和偶数的累加，而本案例只是奇数的累加。那么计算奇数的累加和，又该怎么编程呢？

案例分析

只需要在累加之前判断该数是否为奇数即可。

编程实现

根据案例描述和分析，编写的程序源码如图 4-9 所示。

```
1  s = 0
2  for i in range(1,101):
3      if(i%2 == 1):
4          s = s+i
5  print("结果是：",s)
6
```

图 4-9　程序源码

第 1 行：定义一个变量 s，并赋初始值为整数 0，用来存放累加计算的和。

第 2 行：使用 for 循环语句实现变量的递增。

第 3 行：在循环中，使用 if 语句判断变量 i 是否为奇数。

第 4 行：如果是奇数，使用 s = s + i 语句完成累加的运算。

第 5 行：输出 1 ~ 100 中所有奇数累加运算的结果 s。

程序运行结果如图 4-10 所示，程序计算了从 1 到 100 之间的所有奇数的累加和，最后输出累加和为 2500。

图 4-10　程序运行结果

4.3 while 循环

在 4.2 节中，我们学习并使用了 for 循环语句。for 循环一般都是有循环次数的，所以又称为有限循环。除了有限循环之外还有无限循环，无限循环又称死循环。无限循环一般使用 while 语句来实现，使用方法如下：

```
while( 循环条件 ):
    循环体
```

在上面的程序语句中，只要循环条件成立，循环体就会被执行。这里举两个例子：如果循环条件是一个关系运算式，如 "a>b" 之类，只要关系运算式成立，那么循环体就会被执行。如果循环条件是一个数字，只要数字不等于 0，即循环条件为 True，那么循环体就会一直被执行；如果数字为 0，即循环条件为 False，循环体不会执行。

案例 16 可循环使用的计算器

案例描述

在单元 1 中，Eric 老师带大家一起编写了计算器的程序，输入两个整数之后，即可输出两个整数之间加减乘除的运算结果。这个计算器每次运行计算并输出结果后，程序就结

束了，如果还想继续计算，又得重新运行程序，非常不方便。在学习 while 循环后，我们可以优化之前的计算器程序，让它能够一直计算。

案例分析

若不想让程序计算一次就输出结果，我们只需把单元 1 中的计算器程序放在 while 语句下即可。

编程实现

根据案例描述和案例分析，编写的案例程序如图 4-11 所示。

```
test4.py - D:/编程真好玩/第四单元/test4.py (3.8.1)
File  Edit  Format  Run  Options  Window  Help
1  while 1:
2      a = input("请输入第一个数：")
3      b = input("请输入第二个数：")
4      a = int(a)
5      b = int(b)
6      c1 = a + b
7      print("a+b=",c1)
8      c2 = a - b
9      print("a-b=",c2)
10     c3 = a * b
11     print("a*b=",c3)
12     c4 = a / b
13     print("a/b=",c4)
14
                                          Ln: 14  Col: 0
```

图 4-11　案例程序

程序详解

第 1 行：使用 while 1 语句，程序进入无限循环中。

第 2 行：使用 input 函数接收用户输入数据，并赋值给变量 a。

第 3 行：使用 input 函数接收用户输入数据，并赋值给变量 b。

第 4 行：使用 int 函数将变量 a 转化为整数型。

第 5 行：使用 int 函数将变量 b 转化为整数型。

第 6、7 行：把变量 a、b 相加的结果赋值给变量 c1，并输出 c1 的值。

第 8、9 行：把变量 a、b 相减的结果赋值给变量 c2，并输出 c2 的值。

第 10、11 行：把变量 a、b 相乘的结果赋值给变量 c3，并输出 c3 的值。

第 12、13 行：把变量 a、b 相除的结果赋值给变量 c4，并输出 c4 的值。

● 程序运行结果

程序运行结果如图 4-12 所示，Eric 老师计算了两组数据的加减乘除。第一次分别输入整数 300 和 100，程序计算后输出相应的结果，但程序并没有结束，而是提示下一次的输入，即程序进入了下一次循环。第二次分别输入整数 60 和 20，程序计算后也输出相应的结果，但程序还是没有结束。如果你愿意，就可以一直输入，程序都会帮助你计算，这就是无限循环的魅力。

图 4-12　程序运行结果

4.4 　break——退出整个循环

在第 4.3 节中，无限循环的程序一旦运行起来就不会主动停止，因为我们没有给它设置停止条件。如果想要停止程序，就只能手动关闭窗口。如果每次都要用户去手动关闭，很明显这是一种不好的用户体验。因此，在无限循环中，以防进入真正的死循环，通常这样设置程序：只要满足某个条件，就调用 break 关键字，以此退出循环。在有限循环中也是可以这样使用的。break 关键字的使用方法如下：

```
while( 循环条件 ):
    if( 判断条件 ):
        break
```

案例 17 计算器的安全退出

案例描述

对案例 16 中的计算器程序进行优化，让程序能够安全退出，如当用户输入的是"exit"时则退出循环，程序结束。

案例分析

我们只需在如图 4-11 所示的程序中添加 if 判断语句，调用 break 关键字即可。

编程实现

根据案例描述和分析，编写的案例程序如图 4-13 所示。

```
while True:
    a = input("请输入第一个数：")
    if(a=="exit"):
        break
    else:
        b = input("请输入第二个数：")
        a = int(a)
        b = int(b)
        c1 = a + b
        print("a+b=",c1)
        c2 = a - b
        print("a-b=",c2)
        c3 = a * b
        print("a*b=",c3)
        c4 = a / b
        print("a/b=",c4)
```

图 4-13　程序源码

第 1 行：使用 while True 语句，让程序进入无限循环中。

第 2 行：使用 input 函数接收用户输入数据，并赋值给变量 a。

第 3、4 行：使用 if 语句判断变量 a 的值，如果变量 a 的值等于"exit"，那么就调用 break 关键字退出无限循环，程序结束。

第 5 ~ 16 行：计算器相关程序，请参考前面的案例。

● **程序运行结果**

程序运行之后，结果如图 4-14 所示。

```
Python 3.8.1 Shell
File  Edit  Shell  Debug  Options  Window  Help
9, 23:11:46) [MSC v.1916 64 bit (AMD64)] on w
in32
Type "help", "copyright", "credits" or "licen
se()" for more information.
>>>
====================== RESTART: D:\编程真好
玩\第四单元\test5.py ======================
请输入第一个数: 100
请输入第二个数: 20
a+b= 120
a-b= 80
a*b= 2000
a/b= 5.0
请输入第一个数: exit
>>>
                                    Ln: 11  Col: 12
```

图 4-14   程序运行结果

4.5   continue——终止本次循环

在第 4.4 节中，我们学习了一个退出整个循环的关键字 ——break。在本节中，Eric 老师再给大家介绍一个很重要的关键字 ——continue。continue 的作用是终止本次循环，也可以理解为跳过本次循环，进入下一次循环。continue 的编程方法与 break 一样。程序源码如图 4-15 所示，这是一段计算 0 ～ 100 之间除 50 以外的整数累加和的代码。

```
test6.py - D:/编程真好玩/第四单元/test6.py (3.8.1)
File  Edit  Format  Run  Options  Window  Help
1  s = 0
2  for i in range(0, 101):
3      if(i == 50):
4          continue
5      s = s+i
6  print(s)
7
                                    Ln: 6  Col: 8
```

图 4-15   程序源码

第 1 行：定义一个变量 s，并赋初始值为 0。

第2行：使用 for 语句实现有限循环。

第3、4行：在循环中判断变量 i 的值，如果 i 等于 50，那么就使用 continue 跳过本次循环，进入下一次循环。

第5行：计算累加的和，并赋值给变量 s。

第6行：在循环外部，输出变量 s 的值，即累加和。

● 程序运行结果

程序运行之后，结果如图 4-16 所示，输出结果为 5000。本来从 1 累加到 100 的整数的和为 5050，由于加到 50 的时候，程序跳过去了，没有对 50 进行计算，所以结果为 5000。

图 4-16　程序运行结果

4.6　while 实现有限循环

在第 4.4 节中，我们知道通过 break 关键字的使用 while 也可以实现有限循环。那么不用 break，while 能否实现有限循环呢？接下来 Eric 老师就举例说明不使用 break 如何通过 while 来实现程序的有限循环，示例程序如图 4-17 所示。

```
1 n = 0
2 s = 0
3 while (n <= 100):
4     s = s + n
5     n = n + 1
6 print(s)
7
```

图 4-17　示例程序

程序详解

第1行：定义变量n用于记录循环次数。

第2行：定义变量s用于记录累加和。

第3～5行：使用while循环，循环条件为变量n小于或者等于100，如果变量n大于
100，则退出循环，从而实现有限循环。

第4行：累加和的计算。

第5行：每循环一次，记录循环次数的变量n就加1。

第6行：输出累加和s。

● **程序运行结果**

程序运行之后，结果如图4-18所示，可以看到程序输出结果5050，与前面使用for循环计算的结果一致。

图4-18　程序运行结果

案例18 组合数字

案例描述

要使用1、3、5、7这四个数字组成三位数，能够组成多少个数字不重复的三位数的整数呢？

案例分析

我们可以先把1、3、5、7这四个数字组成一个字符串，然后使用三重for循环遍历这个字符串，如果遍历到的三个字符都不相等，则可以组成数字不重复的三位整数。

编程实现

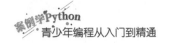

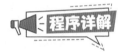

根据案例描述和案例分析，编写的案例程序如图 4-19 所示。

```
1357组成整数.py - D:/编程真好玩/第四单元/1357组成整数.py (3.8.1)
File  Edit  Format  Run  Options  Window  Help
1  s = "1357"
2  f = 0
3  for a in s:
4      for b in s:
5          for c in s:
6              if(a!=b and a!=c and b!=c):
7                  d = a+b+c
8                  f = f+1
9                  print(int(d))
10 print(f)
11
Ln: 11  Col: 0
```

图 4-19　案例程序

程序详解

第 1 行：把 1、3、5、7 四个整数合并为一个字符串并赋值给变量 s。

第 2 行：定义变量 f 并赋初始值为 0，使用变量 f 记录能够组合的整数个数。

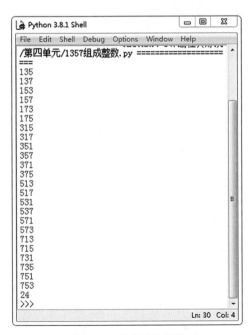

第 3 ~ 5 行：使用三重 for 循环，遍历字符串 s，循环变量分别为 a、b、c。

第 6 ~ 9 行：如果变量 a、b、c 互不相等，则满足案例要求，可以组合成一个各位数字不重复的三位数整数，并把这个整数赋值给变量 d，变量 f 自加 1，然后输出这个三位数整数。

第 10 行：在程序最后，输出变量 f 的值，即整数的个数。

```
Python 3.8.1 Shell
File  Edit  Shell  Debug  Options  Window  Help
/第四单元/1357组成整数.py ===================
===
135
137
153
157
173
175
315
317
351
357
371
375
513
517
531
537
571
573
713
715
731
735
751
753
24
>>>
Ln: 30  Col: 4
```

图 4-20　程序运行结果

程序运行结果

程序运行之后，结果如图 4-20 所示，可以看出 1、3、5、7 总共可以组成 24 个不重复的三位数整数。

案例19 对100以内质数进行求和

案例描述

质数是指在大于1的自然数中，除了1和它本身以外不再有其他因数的自然数。本案例要求编程计算出100以内所有质数的和。

案例分析

要想计算100以内的质数的和，首先需要先判断一个数是否为质数，以得出所有的质数，然后再进行累加。

编程实现

根据案例描述和分析，编写的案例程序如图4-21所示。

```
File  Edit  Format  Run  Options  Window  Help
1  def zhishu(a):
2      for i in range(2, a):
3          if(a % i == 0):
4              return 0
5      return 1
6
7  sum = 0
8  for i in range(2, 101):
9      if(zhishu(i) == 1):
10         sum = sum + i
11
12 print(sum)
13
                                    Ln: 11  Col: 0
```

图 4-21 案例程序

第1~5行：定义函数"zhishu"，用于判断一个数是否是质数，如果是则返回1，否则返回0。

第2~5行：在for循环中，判断a能否被2到a-1之间的数整除。如果能整除，则不是质数，返回0；当循环结束后，都没有返回0，这说明该数是质数，返回1。

第7行：定义变量sum，用于记录质数的累加和。

第8行：使用for循环，遍历2~100之间的所有整数。

第9、10行：调用zhishu函数判断循环变量i是否为质数，如果是，则累计到sum。

第 12 行：在程序最后，输出变量 sum 的值，即 100 以内的所有质数的和。

● 程序运行结果

程序运行之后，结果如图 4-22 所示，可以看出输出结果为 1060，即 100 以内的所有质数的和为 1060。

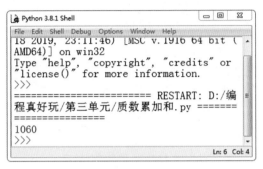

图 4-22　程序运行结果

Eric 老师温馨提示

质数有一个性质，就是分解质因数的唯一性，即把一个大于 1 的整数分解质因数，它的形式是唯一的。而如果 1 是质数，则分解的形式就不唯一，因为它可以乘若干个 1，所以规定 1 不是质数。

编程过关挑战——棋盘麦粒知多少

难易程度　★★★☆☆　　　过关时间　大约30分钟

挑战介绍

在印度有一个古老的传说：舍罕王打算奖赏国际象棋的发明人 —— 宰相西萨·班·达依尔。国王问他想要什么，他对国王说："陛下，请您在这张棋盘的第 1 个小格里，赏给我

1 粒麦子，在第 2 个小格里给 2 粒，第 3 小格给 4 粒，以后每个小格都比前一小格增加一倍。请您把这样摆满棋盘上的 64 格的所有麦粒，都赏给您的仆人吧！"国王觉得这要求太容易满足了，就命令赏给他这些麦粒。当人们把一袋一袋的麦子搬来开始计数时，国王才发现：就是把全印度甚至全世界的麦粒全拿来，也满足不了那位宰相的要求。那么，宰相要求得到的麦粒到底有多少呢？

思路分析

上面的问题可以转化为一个累加运算：1+2+4+8+…，即共 64 项相加的和。我们应该分两步完成这个任务：第一步，计算出每个格子需要的麦粒数量，并把它们放入一个列表；第二步，求出列表中各项的和。

编程实现

Eric 老师根据以上的思路分析，编写出程序源码如下所示：

```
1.  def grid(a):
2.      if(a == 1):
3.          return 1
4.      if(a == 2):
5.          return 2
6.      else:
7.          s = 2
8.          for i in range(a-1):
9.              s = s * 2
10.         return s
11. grid_list = []
12. for i in range(1,65):
13.     grid_list.append(grid(i))
14. s = 0
15. for i in grid_list:
16.     s = s + i
17. print(s)
```

·关键代码行含义·

第1~10行: 定义函数"grid", 用形参 a 表示棋盘中格子的序号, 用于求出每格应放的麦粒数量。

第2、3行: 如果是第一格, 直接返回1。

第4、5行: 如果是第二格, 直接返回2。

第6~10行: 如果格数大于2, 那么以累乘的方式计算该格需要的麦粒数量并返回。

第11行: 定义一个空列表, 用于存放每格需要的麦粒数。

第12、13行: 把每格需要的麦粒数放入列表(后面章节将会详细讲解)中。

第14行: 定义一个变量 s, 用于存放列表各项的累加和。

第15、16行: 遍历列表, 计算列表各项的累加和。

第17行: 使用 print 函数输出累加和 s。

编写完成上面的程序并运行, 运行结果如图 4-23 所示, 程序输出了非常大的一个数: 36893488147419103227。

图 4-23　程序运行结果

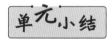

在本单元中, 我们学习到程序的重要结构之一 —— 循环结构, 循环又分为有限循环和无限循环。一般我们使用 for 语句来实现有限循环, 使用 while 语句来实现无限循环。当然, while 语句也是可以实现有限循环的, 前提是需要设置一个变量记录循环次数。我们还学习到两个关键字: break 和 continue, 要注意区别它们的不同之处。break 是退出当前所在的循环结构, continue 是结束本次循环, 继续下一次循环。

"装数据的容器"

——列表、字典、元组

说到容器，大家第一时间可能会想到水杯、瓶子、桶等，这些都是生活中常见的容器，有的可以装液体，有的可以装固体。它们都有一个共同点，就是都是实实在在的物品，看得见，摸得着，存在于我们的现实世界。而在程序中，我们会经常用到数据，有整数，浮点数、字符串等，那么，程序中的这些数据是如何存放的呢？Eric 老师将带领大家一起去学习。

在 Python 编程的虚拟世界中也有容器，即列表、字典和元组。它们既不装液体也不装固体，而是只能装数据，与其称之为"装数据的容器"，称为数据结构更为专业、更恰当。在本单元中，Eric 老师将和大家一起学习列表、字典、元组 3 种数据结构。

5.1 列表

在 Python 语言中，列表是一种可变的、有序的数据结构。"可变"指的是列表中元素可变，包括添加、删除、修改；"有序"指的是列表中元素有位置编号（又称索引），列表中的第一个元素索引为 0。

在本节中，我们将学习到列表的创建、删除、排序、遍历，以及及列表元素的添加和删除。同学们可能会好奇列表有什么作用，那么在学习的过程中来发现吧，学习完本单元也就能找到答案了。本节的案例都是在 shell 交互模式下完成的。

5.1.1 列表的创建

在使用列表之前，一般情况下需要先创建列表，然后再做列表的相关操作。列表用方括号"[]"表示，各元素之间使用逗号","分隔。

1 空列表的创建

空列表是指一个元素都没有的列表，创建空列表有以下两种方式。

方法一：使用 list 函数生成一个列表对象。在 shell 交互模式下输入如下语句：

```
1. >>> a = list()
2. >>> a
3. []
```

第 1 行：把 list 函数的返回值赋给变量 a，就完成了一个空列表的创建。

第 2 行：在命令行输入"a"以查看列表 a 中的内容。

第 3 行：显示为一对方括号"[]"，说明列表里面没有元素。

方法二：使用列表的表示符号"[]"。在 shell 交互模式下输入如下语句：

```
1.  >>> a = []
2.  >>> a
3.  []
```

第1行：把一对方括号"[]"赋值给变量 a，这样也可以创建一个空列表 a。

第2行：在命令行输入 a 以查看列表 a 中的内容。

第3行：结果显示为一对方括号"[]"，说明列表里面没有元素。

2 非空列表的创建

当想要创建一个非空列表时，我们可以在方括号中填写数据，列表中的数据又称列表元素。在同一个列表中元素可以是整型、字符串型、浮点型、布尔型等数据，甚至还可以是列表、字典等数据结构创建一个非空列表，并在列表中输入列表元素值，在 shell 交互模式下输入如下语句：

```
1.  >>> a = [10,"hello",3.14,True]
2.  >>> a
3.  [10,'hello', 3.14, True]
```

第1行：使用方括号创建一个列表 a，并赋值"10,"hello",3.14,True"。

第2行：在命令行输入 a 以查看列表 a 中的内容。

第3行：输出了列表中的全部内容，说明非空列表创建成功。

其实，创建列表的方法还有很多，我们可以先掌握以上这几种。

5.1.2 列表元素的添加

在第 5.1.1 节中，通过示例程序我们知道一个列表可以存放多个不同类型的元素。那么接下来 Eric 老师带领大家一起来学习列表的可变性 —— 列表元素可以动态地改变。

在创建列表时，可以为其添加元素。然而在创建好列表以后，我们也可以动态地给列表添加元素。这时我们需要用到添加列表元素的函数 ——append。在 shell 交互模式下输入如下语句：

```
1.  >>> a = []
2.  >>> a.append(100)
3.  >>> a
4.  [100]
```

第 1 行：创建一个空列表 a。

第 2 行：使用 append 函数给列表 a 中添加一个值为 100 的整数。

第 3 行：在命令行输入 a 来查看列表 a 中的内容。

第 4 行：可以发现整数 100 已经存在于列表中。

5.1.3 列表元素的删除

在程序中，我们除了能够动态地往列表中添加元素外，还可以动态地删除元素。删除列表中的元素有 3 种方法。

方法一：按元素值删除，需要用到 remove 函数。在 shell 交互模式下输入如下语句：

```
1.  >>> a = [100,300,500]
2.  >>> a.remove(300)
3.  >>> a
4.  [100, 500]
```

第 1 行：创建一个非空列表 a，里面有 3 个整数，分别为 100、300、500。

第 2 行：使用 remove 函数删除列表 a 中的整数 300。

第 3 行：在命令行输入 a 来查看列表 a 中的内容。

第 4 行：整数 300 已经不在列表中，列表中只有整数 100 和 500。

方法二：按元素的位置删除。使用 pop 函数删除某一位置的元素，由于列表是有序的，因此列表中的每个元素都有对应的索引。需要注意的是，列表的索引是从 0 开始的，而不是从 1 开始。在 shell 交互模式下输入如下语句：

```
1. >>> a = [10,50,"abc","hello"]
2. >>> a.pop(1)
3. 50
4. >>> a
5. [10, 'abc', 'hello']
```

第 1 行：创建一个非空列表 a，里面有 4 个元素，分别为 10、50、"abc"、"hello"。

第 2 行：使用 pop 函数删除列表 a 中索引为 1 的元素，调用 pop 函数会返回被删除的值。

第 3 行：返回被删除的值，即可以看到第三行输出整数 50，也就是 a 列表索引为 1 的这个元素。

第 4 行：在命令行输入 a 来查看列表 a 中的内容。

第 5 行：可以看出整数 50 已经不在列表中，列表中只剩下 3 个元素。

方法三：按元素的位置删除。这里使用 del 关键字，注意这不是一个函数。在 shell 交互模式下输入如下语句：

```
1. >>> a = [1,2,3,4]
2. >>> del a[2]
3. >>> a
4. [1, 2, 4]
```

第 1 行：创建一个非空列表 a，里面有 4 个整数，分别为 1、2、3、4。

第 2 行：使用 del 关键字删除列表 a 中索引为 2 的元素。

第 3 行：在命令行输入 a 来查看列表 a 中的内容。

第 4 行：可以看出索引为 2 的元素（即整数 3）已经被删除。

5.1.4 列表单个元素的读取

在学习列表的遍历之前，我们先学习如何输出列表中的单个元素。

使用元素在列表中的索引，在 shell 交互模式下输入如下语句：

```
1.  >>> a = [1,2,3,4]
2.  >>> b = a[1]
3.  >>> b
4.  2
```

第1行：创建一个非空列表 a，里面有 4 个整数，分别为 1、2、3、4。

第2行：使用索引取出列表 a 中索引为 1 的元素，并把这个元素赋值给变量 b。

第3行：输入变量 b 以查看变量 b 的值。

第4行：输出变量 b 的值为 2。

5.1.5 列表的遍历

在第 5.1.4 节，我们学习了对列表中单个元素的读取，现在 Eric 老师继续和大家一起学习对列表的遍历。所谓遍历，是指沿着某条搜索路线，依次对树中每个节点均做一次且仅做一次访问。简单地说，对列表的遍历就是对列表中每个元素都访问并输出（或者修改）一次。

如何把列表中的元素一个一个地输出？例如，在 shell 交互模式下输入如下语句：

```
1.  >>> a = [1,3,5,"abc","hello"]
2.  >>> for i in a:
3.         print(i)
4.
5.  1
6.  3
7.  5
8.  abc
9.  hello
```

第1行：创建一个非空列表a，里面有5个元素，分别为1、3、5、"abc"、"hello"。

第2、3行：使用for循环语句遍历列表a，在循环语句下使用print函数输出变量i的值。

第4~8行：把列表a中的每个元素都输出。

5.1.6　列表元素的修改

列表是"可变"的，除了可以动态地在列表中添加和删除元素以外，我们还可以修改列表中的元素。修改列表中的元素非常简单，只需重新给该位置的元素赋值即可。在shell交互模式下输入如下语句：

```
1.  >>> a = [10,30,50,70]
2.  >>> a[1] = 100
3.  >>> a
4.  [10, 100, 50, 70]
```

第1行：创建一个非空列表a，里面有4个整数，分别是10、30、50、70。

第2行：把整数100赋值给列表a中索引为1的元素。

第3行：输入变量a以查看列表a中的元素。

第4行：可以看出列表a中原本值为30的元素已经被修改为了100。

5.1.7　列表的排序

当列表中的元素全是数字或者全是字符串的时候，我们是可以对列表进行排序的。

① 元素是数字

当全是数字时，在shell交互模式下输入如下语句进行排序：

```
1.  >>> a = [3,2,4]
2.  >>> a.sort()
3.  >>> a
4.  [2, 3, 4]
```

第1行：创建一个非空列表a，里面内容全为整数。

第2行：使用 sort 函数对列表进行排序。

第3行：查看列表a中的元素。

第4行：可以看出列表a中元素的顺序发生了改变，变成了从小到大的顺序。

2 元素是字符串

当全是字符串时，在 shell 交互模式下输入如下语句进行排序：

```
1.  >>> a = ["b","ac","ab"]
2.  >>> a.sort()
3.  >>> a
4.  ['ab', 'ac', 'b']
```

第1行：创建一个非空列表a，里面内容全为字符串。

第2行：使用 sort 函数对列表进行排序。

第3行：输入变量a以查看列表a中的元素。

第4行：可以看出列表a中的元素顺序发生了改变，以26个字母的先后顺序进行排序。如果首个字母相同，则比较第二个字母的先后顺序。

Eric 老师温馨提示

在对列表进行排序时需要注意，只能对元素全是数字或者全是字符串的列表进行排序，不能对既有数字又有字符串的列表进行排序，否则程序会报错。但是，如果字符串中包含有数字（如12abc），是可以排序的。

案例 20 学生名字管理

案例描述

如果我们新建一个变量可以存放一个人的名字，若有 100 个人，那我们是否应该新建 100 个变量呢？当然不需要，如现在需要做一个学生信息管理软件，怎么编写一段程序存放 5 个学生的名字呢？

案例分析

根据案例描述，可以考虑使用列表存放学生的名字。使用 input 函数输入学生的名字，每输入一个名字就将其添加到列表中。

编程实现

案例程序如下（在文本模式下编辑）：

```
1.  names = []
2.  for i in range(5):
3.      name = input("请输入学生名字：")
4.      names.append(name)
```

第 1 行：创建一个空列表 names，用于存放学生的名字。

第 2 行：使用 for 循环 5 次，这样就可以往列表里面添加 5 次名字。

第 3 行：在 for 循环下使用 input 函数输入学生的名字，并赋值给变量 name。

第 4 行：每输入一个学生名字，就使用 append 函数把该名字添加到列表 names 中。

● 程序运行结果

程序运行之后，结果如图 5-1 所示。

在图 5-1 中，Eric 老师输入了 5 个学生名字，分别是 a1、a2、a3、a4、a5，这样我们就使用一个列表把 5 个学生的名字存放起来了。

图 5-1 程序运行结果

案例21 绘制眩晕图

案例描述

当我们认真盯着某些图片的时候，会感觉图片在动，看久了还会产生眩晕的感觉，这就是眩晕图。Eric 老师使用 turtle 编程绘制出如图 5-2 所示的眩晕图。已知最里面的正方形边长为 10 个像素点，最外面的正方形边长为 150 个像素点，共 8 个正方形。

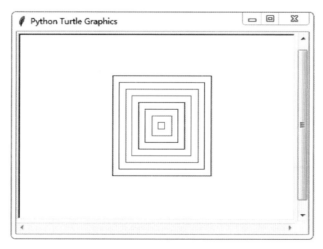

图 5-2 眩晕图

案例分析

如图 5-2 所示共有 8 个正方形，第一种方法是可以一个一个地画，这样程序比较清晰明了，但是程序重复代码较多；第二种方法是可以使用 for 循环，把每个正方形的边长、颜色分别放入列表，在 for 循环中调用即可。

编程实现

根据案例描述和案例分析，编写的案例程序如图 5-3 所示。

```
眩晕圈.py - D:/编程真好玩/第五单元/眩晕圈.py (3.8.1)

File  Edit  Format  Run  Options  Window  Help
1  import turtle
2  s = [10, 30, 50, 70, 90, 110, 130, 150]
3  c = ["red", "green", "blue", "purple"]
4  for i in range(8):
5      turtle.penup()
6      turtle.setpos(-10*i, -10*i)
7      turtle.pendown()
8      turtle.pencolor(c[i%4])
9      for j in range(4):
10         turtle.forward(s[i])
11         turtle.left(90)
12 turtle.hideturtle()
13

                                          Ln: 10  Col: 28
```

图 5-3　案例程序

第 1 行：导入 turtle 模块。

第 2 行：创建一个列表 s，把正方形的边长放入该列表中。

第 3 行：创建一个列表 c，把各个正方形的颜色放入该列表中。

第 4 行：使用 for 循环，循环 8 次。

第 5 ~ 7 行：移动画笔到适当位置。

第 8 行：设置画笔颜色。

第 9 ~ 11 行：绘制一个正方形。

第 12 行：8 个正方形都绘制完成后，隐藏箭头。

● 程序运行结果

运行程序之后，可以看到绘制出了一个与图 5-2 所示一模一样的图形。

5.2 字典

同学们看到"字典"二字，肯定会觉得非常奇怪，字典不是与语文学科相关的工具书吗，怎么会出现在 Python 编程中？注意，这里的"字典"与《新华字典》可不是一个字典。Python 中的字典与前面学习过的列表都是一种数据结构。在 Python 中，字典使用大括号"{}"表示，以键值对的形式存放数据，各键值对之间使用逗号","分隔。

5.2.1 键值对

字典是以键值对的形式存放数据的，格式如"key:value"。key 必须是不可变的，一般使用字符串作为字典中的 key，也可以使用数字等不可变类型的值；value 可以是任意数据类型，如数值型、字符串、列表或者字典都是可以的。

5.2.2 字典的创建

字典的创建方法与列表类似，Eric 老师这里给大家介绍 3 种方法。

方法一：使用创建字典函数 dict 创建一个空字典。这里依旧是在 shell 交互模式下完成的，程序如下：

```
1.  >>> b = dict()
2.  >>> b
3.  {}
```

第 1 行：使用 dict 函数创建一个空字典，并把该字典赋值给变量 b。

第 2 行：输入变量 b 以查看变量 b 的值。

第 3 行：可以看到输出了一对大括号"{}"，空字典就是用大括号来表示的。

方法二：直接使用大括号"{}"创建一个空字典。这里依旧是在 shell 交互模式下完成的，程序如下：

```
1.  >>> b = {}
2.  >>> b
3.  {}
```

第1行：使用大括号创建一个空字典，并把该字典赋值给变量b。

第2行：输入变量b以查看变量b的值。

第3行：可以看到输出了一对大括号"{}"，表示已经成功地创建了一个空字典。

　　方法三：使用大括号"{}"，把键值对写入大括号中即可。这里依旧是在 shell 交互模式下完成的程序如下：

```
1.  >>> b = {"name":"Eric","age":"18"}
2.  >>> b
3.  {'name': 'Eric', 'age': '18'}
```

第1行：使用大括号创建一个非空字典，并把该字典赋值给变量b，字典b中有两对键值对。

第2行：查看变量b的值。

第3行：可以看到输出了一对大括号"{}"，并且大括号里面有创建时的两对键值对。

　　以上就是创建字典的3种方法，与创建列表一样，创建字典也还有很多方法，在此不再一一说明了。

5.2.3　字典元素的添加

　　对于字典元素的添加依旧是在 shell 交互模式下完成的，示例程序如下所示：

```
1.  >>> b = {}
2.  >>> b["name"] = "Eric"
3.  >>> b
4.  {'name': 'Eric'}
```

第1行：使用大括号创建一个空字典 b。

第2行：给字典添加一个键值对 "name":"Eric"。

第3行：输入变量 b 以查看字典 b 的值。

第4行：输出添加的键值对。

5.2.4　字典元素的删除

如果想要删除字典内的一个键值对，我们一般采用 pop 函数删除字典给定键 key 所对应的值，返回值为被删除的值。在 shell 交互模式下输入如下语句：

```
1.  >>> b = {"name":"Eric","age":"18"}
2.  >>> b.pop("name")
3.  'Eric'
4.  >>> b
5.  {'age':'18'}
```

第1行：创建有两个键值对的字典 b。

第2行：使用 pop 函数删除键为"name"的键值对。

第3行：程序返回被删除的值。

第4行：输入变量 b 以查看被删除后字典 b 的值。

第5行：可以看出键"name"对应的键值对已经被删除。

删除字典中的元素，除了使用 pop 函数之外，还可以使用 del 关键字。del 关键字除了可以删除字典元素，还可以删除整个字典。在 Shell 交互模式下，使用 del 关键字删除字典元素的示例程序如下所示：

```
1.  >>> b = {"name":"Eric","age":"18"}
2.  >>> del b["name"]
3.  >>> b
4.  {'age':'18'}
```

第1行：定义有两个键值对的字典 b。

第2行：使用 del 关键字删除键为"name"的这个键值对。

第3行：输入变量 b 以查看字典 b 的值。

第4行：可以看到键"name"对应的键值对已经被删除。

5.2.5 整个字典的删除

接下来，我们学习如何使用 del 关键字删除整个字典，在 shell 交互模式下输入如下语句：

```
1. >>> b = {"name":"Eric","age":"18"}
2. >>> del b
3. >>> b
4. Traceback (most recent call last):
5. File "<pyshell#20>", line 1, in <module>
6.   b
7. NameError: name 'b' is not defined
```

第1行：定义有两个键值对的字典 b。

第2行：使用 del 关键字删除整个字典 b。

第3行：输入变量 b 以查看字典 b 的值。

第4~7行：程序报错，因为字典 b 已经被删除，也就无法查看字典 b 的值，因此报错。

5.2.6 字典元素的修改

字典元素的修改，其实就是针对键值对的值的修改，示例程序如下（在 shell 交互模式下完成）：

```
1. >>> b = {"name":"Eris","age":"18"}
2. >>> b["name"] = "Eric"
```

```
3. >>> b
4. {'name':'Eric','age':'18'}
```

第1行：创建一个非空字典b，一不小心把Eric老师的名字写成了"Eris"，其实不用重新
　　　　创建，只需简单修改即可。

第2行：给键"name"重新赋值。

第3行：输入变量b以查看修改后的字典。

第4行：可以看到Eric老师的名字已经修改正确。

5.2.7　通过键查看对应的值

通过键可以查看对应的值，在shell交互模式下的示例程序如下所示：

```
1. >>> b = {"name":"Eris","age":"18"}
2. >>> b["name"]
3. >>> "Eric"
4. >>> b["age"]
5. >>> "18"
```

第1行：创建一个非空字典b。

第2行：查看"name"键对应的值。

第3行：可以看到输出了"name"对应的值为"Eric"。

第4行：查看"age"键对应的值。

第5行：可以看到输出了"age"对应的值为"18"。

5.2.8　键值对的遍历

字典中的元素是键值对，由键和值组成。对字典可以实现3种遍历：一是键值对的遍历，二是键的遍历，三是值的遍历。先介绍键值对的遍历方法，示例程序如下：

```
1.  a = {"name":"Eric","age":10,"qq":"123456789"}
2.  for i in a.items():
3.      print(i)
```

第1行：创建一个字典 a，里面有 3 个键值对。

第2行：使用 for 语句和字典的 items 方法，对字典里面的键值对实现遍历。

第3行：使用 print 函数输出变量 i 的值。

● **程序运行结果**

程序运行之后，结果如图 5-4 所示。

```
Python 3.8.1 Shell
File  Edit  Shell  Debug  Options  Window  Help
Python 3.8.1 (tags/v3.8.1:1b293b6, Dec 18 2019, 23
:11:46) [MSC v.1916 64 bit (AMD64)] on win32
Type "help", "copyright", "credits" or "license()"
for more information.
>>>
======================= RESTART: D:\编程真好玩\第
五单元\test3.py =======================
('name', 'Eric')
('age', 10)
('qq', '123456789')
>>>
                                              Ln: 8  Col: 4
```

图 5-4　程序运行结果

5.2.9　键的遍历

对字典进行遍历，也可以单独对字典中的键进行遍历，在文本模式下编辑的程序如下所示：

```
1.  a = {"name":"Eric","age":10,"qq":"123456789"}
2.  for i in a.keys():
3.      print(i)
```

第1行：创建一个字典 a，里面有 3 个键值对。

第2行：使用 for 语句和字典的 keys 方法，对字典里面的键实现遍历。

第3行：使用 print 函数输出变量 i 的值，即输出字典 a 中的所有键。

● 程序运行结果

程序运行之后，结果如图 5-5 所示，可以看出输出了字典 a 中的所有键。

图 5-5　程序运行结果

5.2.10　值的遍历

对字典进行遍历，也可以单独对字典中的值进行遍历，在文本模式下编辑的程序如下所示：

```
1.  a = {"name":"Eric","age":"10","qq":"123456789"}
2.  for i in a.values():
3.      print(i)
```

第1行：创建一个字典 a，里面有 3 个键值对。

第2行：使用 for 语句和字典的 values 方法，对字典里面的值实现遍历。

第3行：使用 print 函数输出变量 i 的值，即输出字典 a 中的所有值。

程序运行结果

程序运行之后，结果如图 5-6 所示，可以看到输出了字典 a 中的所有值。

图 5-6　程序运行结果

案例 22 学生信息管理

案例描述

在案例 20 中，我们使用列表存放学生的名字。当每个学生有多条信息时，应该怎么存放这些信息呢？编写一段程序，用于存放学生的名字、年龄、身高、体重等信息。

案例分析

根据案例描述，使用字典是最简单的方法，每个学生的信息用一个字典存放，再把字典放入到列表中。

编程实现

在文本模式下编辑程序，如下所示：

```
1.  students = []
2.  for i in range(3):
3.      print("**** 请输入学生信息 ****")
```

```
4.      student = {}
5.      name = input("请输入学生名字：")
6.      student["name"] = name
7.      age = input("请输入学生年龄：")
8.      student["age"] = age
9.      lift = input("请输入学生身高：")
10.     student["lift"] = lift
11.     weight = input("请输入学生体重：")
12.     student["weight"] = weight
13.     students.append(student)
14. print("**** 所有学生信息 ****")
15. for i in students:
16.     print(i["name"],i["age"],i["lift"],i["weight"])
```

第 1 行：创建一个空列表 students，用于存放学生的个人信息。

第 2 ~ 13 行：使用 for 循环 3 次，输入 3 个学生的信息。

第 3 行：输入提示信息。

第 4 行：定义一个字典 student，用于临时存放学生信息。

第 5、6 行：输入学生名字，并添加进字典。

第 7、8 行：输入学生年龄，并添加进字典。

第 9、10 行：输入学生身高，并添加进字典。

第 11、12 行：输入学生体重，并添加进字典。

第 13 行：把存有学生信息的字典添加到列表 students 中。

第 14 行：输出提示信息。

第 15、16 行：遍历列表，输出每个学生的信息。

● 程序运行结果

程序运行之后，结果如图 5-7 所示，程序运行后会等待用户输入。

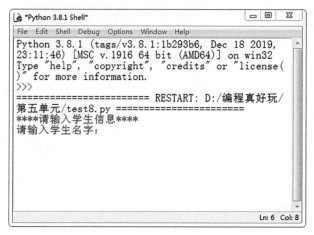

图 5-7　输入学生信息

　　输入 3 个学生的信息，如图 5-8 所示。待输入完成后，程序输出了 3 个学生的所有信息。这样我们就通过列表和字典的方式，实现了存放多个学生多条信息的编程。

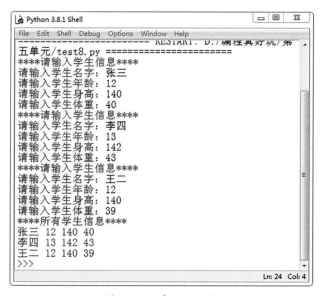

图 5-8　程序运行结果

5.3　元组

　　元组与列表、字典不同，元组是不能改变的，即元组的元素在创建时就应该确定。元组创建后，里面的元素不能改变，不能删除，也不能往元组里面添加元素。在 Python 中，元组使用小括号"()"表示，各元素之间使用逗号","分隔。

5.3.1　元组的创建

下面学习创建元组，在 shell 交互模式下编辑，程序如下：

```
1.  >>> tuple1 = ("java","python","c++","arduino")
2.  >>> tuple1
3.  ('java','python','c++','arduino')
4.  >>> type(tuple1)
5.  <class 'tuple'>
```

第1行：创建一个元组变量 tuple1，里面有 4 个元素。

第2行：输入变量名 tuple1，查看元组 tuple1 里面的值。

第3行：输出元组变量 tuple1 的值。

第4行：调用 type 函数，查看变量 tuple1 的类型。

第5行：输出"class 'tuple'"，tuple 就是表示元组的关键字。

5.3.2　元组的索引

元组除了不可变之外，与列表一样都是有序的，因此可以通过索引的方式取出元组中的元素。在 shell 交互模式下编辑，程序如下：

```
1.  >>> a = ("java","python","c++","arduino")
2.  >>> a[0]
3.  'java'
4.  >>> a[3]
5.  'arduino'
```

第1行：创建一个元组变量 a，里面有 4 个元素。

第2行：输入 a[0]，查看元组中索引为 0 的元素。

第3行：输出索引为 0 的元素为字符串 'java'。

第4行：输入 a[3]，查看元组中索引为 3 的元素。

第5行：输出索引为 3 的元素字符串 'arduino'。

5.3.3 元组的遍历

元组的遍历与列表的遍历方法一样，使用 for 语句即可，程序如下：

```
1.  >>> a = ("java","python","c++","arduino")
2.  >>> for i in a:
3.  >>>     print(i)
4.  java
5.  python
6.  c++
7.  arduino
8.  >>>
```

第1行：创建一个元组变量 a，里面有 4 个元素。

第2行：使用 for 语句遍历元组 a。

第3行：输出变量 i 的值。

第4 ~ 7行：输出元组中的值。

编程过关挑战 ——斐波那契数列

难易程度 ★★★★☆　　　 过关时间　大约50分钟

挑战介绍

斐波那契数列，又称黄金分割数列。因数学家列昂纳多·斐波那契以兔子繁殖为例而

引入，故又称为"兔子数列"，指的是这样一个数列：1,1,2,3,5,8,13,21,34,…。

编写一段程序，要求用户输入 n 后，程序能够输出数列的前 n 项的值。

思路分析

从斐波那契数列的定义可以看出，求斐波那契数列常使用的方法就是函数递归。不过，对于 Python 而言，还有更加简单的方法操作。这得益于 Python 的数据结构 —— 列表。Python 列表可以使用 append 方法在列表的尾部追加数据，这样一来，求斐波那契数列就成了简单的加法游戏，无须递归求解。

编程实现

Eric 老师根据以上思路分析，编写出程序源码如下：

```
1.  n = input("请输入 3-50：")
2.  n = int(n)
3.  fib_list = [1,1]
4.  for i in range(2,n):
5.      fib_list.append(fib_list[i-2]+fib_list[i-1])
6.  print(fib_list)
```

·关键代码行含义·

第1行：调用 input 函数获取用户输入，并赋值给变量 n。

第2行：把变量 n 转换为整数类型。

第3行：定义列表 fib_list，并添加两个元素。

第4行：进入 for 循环。

第5行：把列表的最后两个元素相加后的值添加到列表末尾。

第6行：输出整个列表。

编写完成上面的程序后，运行程序并输入 10，程序输出结果如图 5-9 所示。

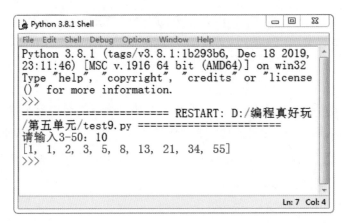

图 5-9　程序运行结果

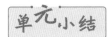

　　在本单元中，我们学习了 3 种数据结构，分别是列表、字典、元组。也可把它们理解为 3 种存放数据的容器，它们既有相同点，又有不同之处。其中，列表与字典都是可变的，元组不可变。列表与元组是有序的，可以通过索引的方式取出里面的元素；字典是无序的，能够通过键取出对应的值。在后面的学习中，我们将会经常用到这 3 种数据结构。

"猜大小，赢金币"

——random模块

每次路过彩票销售点，Eric 老师会经常看到一个非常有趣的现象，买彩票的人们都在精心地计算着自己要买的彩票号码，反复斟酌，细致研究，好像中奖号码是可以推算出来的。那么，中奖号码是可以算出来的吗？答案是否定的，因为中奖号码是随机的，没有规律，不能预先推算。试想一下，如果中奖号码可以推算，岂不是人人都去研究彩票了。

那么什么是随机数？在程序中随机数该如何应用？下面 Eric 老师将带领大家一起来学习随机数在程序中的用法。

中奖号码不可预测的原因是数字是随机生成的，也称随机数。产生随机数有多种不同的方法，这些方法统称为随机数发生器。随机数最重要的特性是：后面产生的那个数与前面的那个数毫无关系。简单地说，随机就是不确定的，随机数就是不确定的数。

6.1 random 模块简介

random 模块是 Python 提供的一个随机数生成器，我们可以使用 random 模块生成任意范围内的随机数。在前面的单元中，我们学了绘图模块 ——turtle。既然都是模块，random 模块与 turtle 模块的使用方法也是一样的，在使用模块中的函数之前，我们必须先用以下语句导入模块。

```
import random
```

6.2 随机整数——randint 函数

random 模块是用来生成随机数的，那么，怎么让 random 模块生成一个随机整数呢？接下来 Eric 老师带领大家学习一个新的函数 ——randint。调用 randint 函数，会返回一个随机整数，用法如下：

```
import random
a = random.randint(x1,x2)
```

第 1 行先导入 random 模块，第 2 行调用 randint 函数生成随机整数，并把这个随机数赋值给变量 a。需要注意的是，randint 函数需要传入两个参数 x1、x2，并且 x1 不能大于 x2。随机数会在 x1 到 x2 之间产生，包含 x1 和 x2。

案例23 摇骰子

案例描述

骰子是一个正方体，共有六个面，每个面上有一个点且点数不一样，点数为 1 ～ 6。当我们摇骰子的时候，每次都会随机地一个面朝上，这样我们也就得到一个随机的点数。因此，摇骰子也是一种随机数的生成方式，随机数范围是 1 ～ 6。使用 random 模块编程，模拟摇骰子的方式产生一个随机数。

 案例分析

使用 randint 函数产生一个随机数，值为 1～6 之间的随机整数，然后输出即可。

图 6-1　案例程序

 编程实现

根据案例描述和分析，编写的案例程序如图 6-1 所示。

程序详解

第1行：导入 random 模块。

第2行：调用 randint 函数生成一个范围在 1～6 的随机数，并把这个随机数赋值给变量 a。

第3行：使用 print 函数输出变量 a 的值。

● 程序运行结果

程序运行结果如图 6-2 所示。Eric 老师总共运行了 3 次，程序也相应地输出了 3 个随机数，分别是 4、2、1。如果程序运行次数够多，大家将会发现，程序每次输出的结果并无规律，但是产生每个数的概率却是一样的。

图 6-2　程序运行结果

案例 24 看谁猜得快

案例描述

在学习了随机整数的生成方法后，接下来 Eric 老师和大家一起完成一个非常有趣的猜数字游戏 —— 看谁猜得快。

编写一段 Python 程序，产生一个随机数，用户通过输入数字来猜测程序产生的这个随机数，从而实现一个猜数字的游戏。

案例分析

程序随机产生一个介于 1～100 的随机数 a，然后用户输入整数 b，并比较 a 和 b 的大小关系。如果相等则输出"猜对了！"的提示信息和用户猜测次数，程序结束。如果不相等则输出"猜小了！"或者"猜大了！"的提示信息，用户继续输入，直到猜对为止。

编程实现

根据案例描述和案例分析，编写的程序源码如图 6-3 所示。

程序详解

```
test4.py - D:/编程真好玩/第六单元/test4.py (3.8.1)
File  Edit  Format  Run  Options  Window  Help
1  import random
2  a = random. randint (0, 100)
3  c = 0
4  while True:
5       b = input("请输入0到100的整数")
6       b = int(b)
7       c += 1
8       if(a > b):
9           print("猜小了！")
10      elif(a < b):
11          print("猜大了！")
12      else:
13          print("猜对了！")
14          print("你总共猜了："+str(c)+"次")
15          break
16

                                    Ln: 16  Col: 0
```

图 6-3　程序源码

第 1 行：导入 random 模块。

第 2 行：生成一个介于 1～100 的随机数，并赋值给变量 a。

第 3 行：定义一个变量 c，赋初始值为 0，用来记录用户输入的次数。

第 4 行：使用 while True，实现无限循环功能。

第 5 行：接收用户输入的数据，并赋值给变量 b。

第 6 行：把变量 b 转化为整数类型。

第 7 行：用户每输入一次，变量 c 自增 1。

第 8、9 行：if 判断语句，判断程序生成的随机数 a 与用户输入数 b 之间的大小关系，如果输入数据 b 小于随机数 a，提醒用户输入数据偏小。

第 10、11 行：如果输入数据 b 大于随机数 a，提醒用户输入数据偏大。

第 12 ~ 14 行：如果输入数据 b 等于随机数 a，输出"猜对了！"，并输出变量 c，即用户
猜测数的次数。

第 16 行：用户猜对了，使用 break 关键字退出无限循环。

● 程序运行结果

程序运行之后，结果如图 6-4 所示。运行程序可以看出 Eric 老师总共输入了 3 次才
猜对。电脑生成的随机数为 40，Eric 老师第一次输入 50 的时候，程序提示输入偏大。于
是第二次输入了一个比 50 小的数字 30，程序提示输入偏小。所以第三次输入比 30 大并
且比 50 小的一个数 40，刚好与程序中的随机数一样，于是程序提示猜对了及猜对的次数。

图 6-4　程序运行结果

6.3　随机小数——uniform 函数

random 模块除了能够产生随机的整数，还可以产生随机的小数。我们只需要调用
uniform 函数就可以，具体用法与 randint 函数一样，也需要传递两个参数来确定随机小数的
范围，语句如下：

```
import random

a = random.uniformt(x1,x2)
```

如图 6-5 所示就是生成 100 ~ 101 之间的随机小数的一个示例程序。

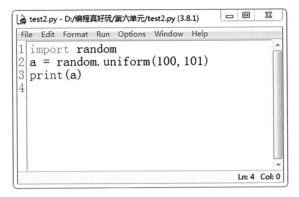

```
test2.py - D:/编程真好玩/第六单元/test2.py (3.8.1)
File Edit Format Run Options Window Help
1 import random
2 a = random.uniform(100, 101)
3 print(a)
4
Ln: 4 Col: 0
```

图 6-5　程序源码

程序详解

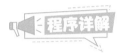

第 1 行：导入 random 模块。

第 2 行：调用 uniform 函数生成一个范围在 100 ～ 101 之间的随机小数，并把这个随机小数赋值给变量 a。

第 3 行：使用 print 函数输出变量 a 的值。

程序运行结果

程序运行结果如图 6-6 所示，Eric 老师总共运行了两次程序，分别输出了两个介于 100 ～ 101 的随机小数。

```
Python 3.8.1 Shell
File Edit Shell Debug Options Window Help
Python 3.8.1 (tags/v3.8.1:1b293b6, Dec 18 2019,
23:11:46) [MSC v.1916 64 bit (AMD64)] on win32
Type "help", "copyright", "credits" or "license
()" for more information.
>>>
======================= RESTART: D:/编程真好玩
/第六单元/test2.py ======================
100.40273671119071
>>>
======================= RESTART: D:/编程真好玩
/第六单元/test2.py ======================
100.49430774097056
>>>
Ln: 9 Col: 4
```

图 6-6　程序运行结果

6.4 有规律的随机数——randrange 函数

random 模块除了可以生成随机整数和随机小数之外，还可以生成具有一定规律的随机数。例如，随机为一个奇数，随机为一个偶数，或者随机为一个数的倍数。randrange 函数就可以生成具有一定规律的随机数，用法如下：

```
import random
a = random.randrange(x1,x2,s)
```

需要注意的是，randrange 函数需要传入 3 个参数，即 x1、x2 和 s，并且 x1 不能大于 x2。随机数在 x1 ~ x2 之间产生，s 为递增基数。如图 6-7 所示就是生成一个随机偶数的示例程序。

图 6-7 示例程序

第 1 行：导入 random 模块。

第 2 行：调用 randrange 函数随机生成一个介于为 0 ~ 100 的偶数，并把这个随机偶数赋值给变量 a。

第 3 行：使用 print 函数输出变量 a 的值。

● 程序运行结果

程序运行结果如图 6-8 所示。Eric 老师在这里共运行了两次程序，分别输出了 38 和 46 这两个偶数。

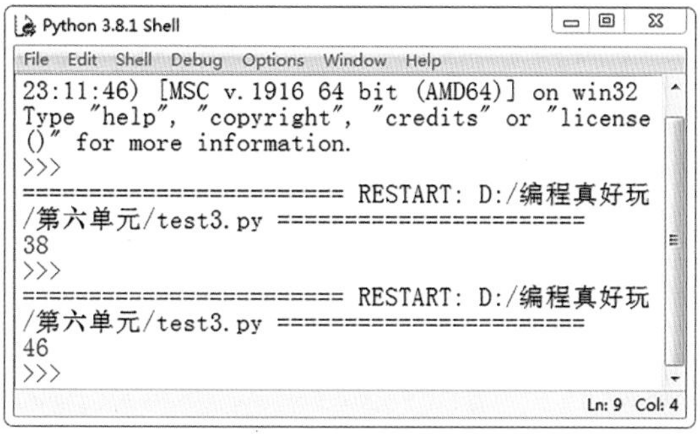

图 6-8　程序运行结果

6.5　随机字符串——choice 函数

第 6.4 节介绍的 randrange 函数可以生成具备一定规律的随机数，但是在很多情况下，还是不能满足我们的需求，比如，想要在几个已知的字符串中随机选择一个，那么就可以使用 choice 函数来实现。该函数的用法如下：

```
import random
a = random.choice()
```

注意：choice 函数需要传入的参数是一个元组，元组里面存放需要的数据。

接下来 Eric 老师给大家举个简单的示例以便大家更好地理解。在生活中我们常常会遇到一些具有选择困难症的人，对于中午吃什么，明天穿什么，以及其他具有选择性的问题，他们都会觉得很困难。在这个时候很多人都会选择用抛硬币的方式来做选择。

使用 Python 编程模拟抛硬币的示例如图 6-9 所示。

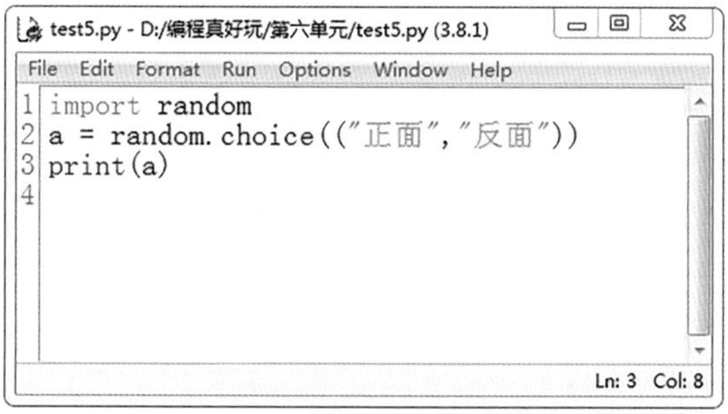

```
import random
a = random. choice(("正面","反面"))
print(a)
```

图 6-9　示例程序

第1行：导入 random 模块。

第2行：调用 choice 函数在元组中随机选择一个字符串，并把这个字符串赋值给变量 a。

第3行：使用 print 函数输出变量 a 的值，即"正面"或者"反面"。

● **程序运行结果**

程序运行之后，结果如图6-10所示。Eric 老师在这里共运行了3次程序，程序相应地输出了3次结果，前两次输出了"反面"，第三次输出了"正面"，这3次结果并无规律，都是随机的。

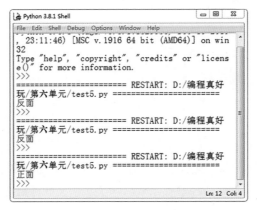

图 6-10　程序运行结果

案例 25 和电脑玩猜拳

我们很多人都玩过"石头、剪刀、布"的猜拳游戏，这是一种快速决定胜负的方式。在前面的学习中，我们知道了 random 模块不光能够生成随机整数、随机小数、有规律的随机数，还能随机选择字符串。动用这些知识，我们可以完成很多有趣的、好玩的游戏。接下来 Eric 老师将和大家一起用编程语言做一个"石头、剪刀、布"的猜拳游戏。

✎ **案例描述**

编写一段 Python 程序实现猜拳定输赢的游戏。首先，电脑从"石头""剪刀""布"中随机选择一个保存在变量 a 中；然后，用户输入"石头""剪刀""布"中的任意一个；最后，电脑根据输入的结果输出"电脑赢"、"你赢"或"平局"。

案例分析

使用 input 函数获取用户输入，即"石头""剪刀""布"中任意一个，结合电脑生成的随机结果，判断胜负并分别输出"电脑赢""你赢""平局"中的一个。

编程实现

根据案例描述和分析，编写的案例程序如下：

```
1.  import random
2.  a = random.choice(("石头","剪刀","布"))
3.  b = input("请出拳：")
4.  if(a == "石头"):
5.      if(b == "石头"):
6.          print("平局")
7.      elif(b == "剪刀"):
8.          print("电脑赢")
9.      elif(b == "布"):
10.         print("你赢")
11. elif(a == "剪刀"):
12.     if(b == "剪刀"):
13.         print("平局")
14.     elif(b == "布"):
15.         print("电脑赢")
16.     elif(b == "石头"):
17.         print("你赢")
18. elif(a == "布"):
19.     if(b == "布"):
20.         print("平局")
21.     elif(b == "石头"):
22.         print("电脑赢")
23.     elif(b == "剪刀"):
24.         print("你赢")
```

```
25. else:
26.     print("输入有误！")
```

第1行：导入 random 模块。

第2行：调用 choice 函数在元组 (" 石头 "," 剪刀 "," 布 ") 中随机选择一个字符串，并把这个字符串赋值给变量a。

第3行：使用 input 函数接收用户输入的数据，并赋值给变量b。

第4 ~ 10行：当变量a为"石头"时，判断用户输入的值b，并输出相应结果。

第11 ~ 17行：当变量a为"剪刀"时，判断用户输入的值b，并输出相应结果。

第18 ~ 24行：当变量a为"布"时，判断用户输入的值b，并输出相应结果。

第25、26行：如果上面的条件都不满足，那么肯定是用户输入的数据b不符合条件，即不是"石头""剪刀""布"中的任意一个，那么此时会提示用户输入错误。

6.6 打乱列表——shuffle 函数

对于 random 模块，还有一个特别的功能就是打乱列表元素的顺序，使用 shuffle 函数就可以实现该功能。shuffle 函数需要传递一个列表型参数，具体用法如下：

```
import random
random.shuffle(list)
```

接下来，我们就使用 shuffle 函数打乱一个列表，示例程序如图 6-11 所示。

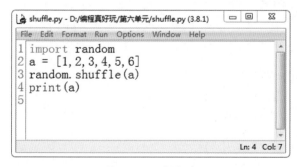

图 6-11　示例程序

第1行：导入 random 模块。

第2行：创建一个列表 a，列表 a 的内容为 [1，2，3，4，5，6]。

第3行：调用 shuffle 函数打乱列表元素的顺序。

第4行：使用 print 函数输出变量 a 的值。

● **程序运行结果**

　　程序运行之后，结果如图 6-12 所示。可以发现列表 a 中的元素已由原来的有序变为现在的无序。

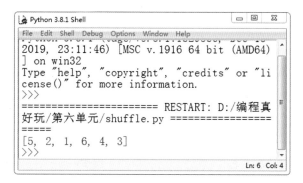

图 6-12　程序运行结果

6.7 随机字符串——sample 函数

　　如果想要从列表中随机选取几个元素来组成新的列表，应该怎么做呢？ sample 函数的作用是可以从列表中随机取出指定个数的元素组成新列表，具体用法如下：

```
import random
new_list = random.sample(list)
```

　　接下来，我们就使用 sample 函数从指定的列表中选取 3 个随机数组成新的列表，示例程序如图 6-13 所示。

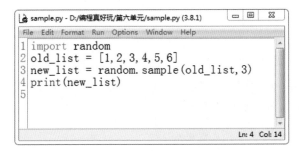

图 6-13　示例程序

第1行：导入 random 模块。

第2行：创建一个列表 old_list，列表内容为 [1，2，3，4，5，6]。

第3行：调用 sample 函数从 old_list 中随机取出 3 个元素组成新列表并赋值给 new_list。

第4行：使用 print 函数输出新列表的值。

● 程序运行结果

程序运行之后，结果如图 6-14 所示。Eric 老师在这里共运行了两次程序，分别输出了两个不同的列表。

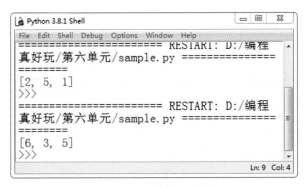

图 6-14　程序运行结果

案例 26　来注双色球

彩票中的双色球由红色球和蓝色球组成，其中红色球 33 个，编号为 1 ～ 33；蓝色球

16个，编号为 1 ～ 16。一注彩票共有 7 个数字，其中红色球有 6 个，蓝色球有 1 个。那么，彩票中奖的概率是多少呢？

案例描述

使用 random 模块编写一段程序，根据用户输入的注数，随机生成对应注数的双色球彩票并输出。

案例分析

首先，在 1 ～ 33 中随机选择 6 个数字作为红色球；然后，在 1 ～ 16 中随机选择一个数字作为蓝色球，这样就生成了一注彩票。需要多注彩票时使用循环即可。

编程实现

根据案例描述和分析，编写的案例程序如图 6-15 所示。

```
1  import random
2  lottery = []
3  red = [i for i in range(1, 34)]
4  blue = [i for i in range(1, 17)]
5  c = input("请输入需要的彩票注数: ")
6  for i in range(int(c)):
7      r = random.sample(red, 6)
8      b = random.choice(blue)
9      r.append(b)
10     lottery.append(r)
11
12 for i in lottery:
13     print(i)
14
```

图 6-15　案例程序

第1行：导入 random 模块。

第2行：创建一个空列表 lottery，用于存放所有彩票。

第3行：定义列表 red，放置红色球编号，使用列表生成式生成 1 ～ 33 共 33 个整数，放在列表中。

第4行：定义列表 blue，放置蓝色球编号，使用列表生成式生成 1～16 共 16 个整数，放在列表中。

第5行：获取用户需要的彩票注数并赋值给变量 c。

第6行：使用 for 循环。

第7行：从 red 列表中随机选择 6 个数据组成新列表并赋值给变量 r。

第8行：从 blue 列表中随机选择 1 个数据并赋值给变量 b。

第9行：把变量 b 添加到列表 r 中，这样列表 r 就是一注完整的双色球彩票号码。

第10行：把列表 r 加入列表 lottery 中，这样到循环结束 lottery 中就有了 c 注彩票号码列表。

第12、13行：遍历 lottery 列表并输出每注彩票号码。

● 程序运行结果

程序运行之后，结果如图 6-16 所示。Eric 老师在此输入 5，程序对应地输出 5 注随机的彩票号码。注意：每一注的前 6 位是红色球号码，最后 1 位是蓝色球号码。

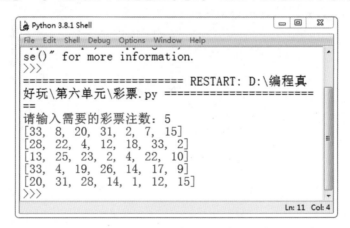

图 6-16　程序运行结果

案例 27　璀璨星空

✐ 案例描述

如果同时使用 random 模块与 turtle 模块，该会产生怎么样的效果呢？如图 6-17 所示是 Eric 老师使用 random 与 turtle 模块编程绘制的"璀璨星空"图片，那么下面跟随 Eric 老师用程序来绘制星空吧。

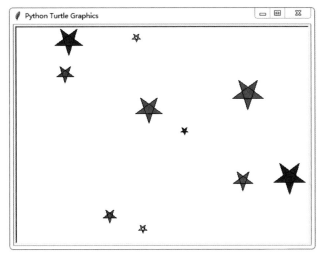

图 6-17　案例图片

案例分析

图 6-17 是图形的绘制，首先编程中绘图离不开 turtle 模块，其次五角星的大小、颜色、位置都是通过 random 模块随机确定的。

编程实现

根据案例描述和分析，编写的完整程序如下：

```
1.  import turtle
2.  import random
3.  color_list = ("red","green","blue","purple","yellow")
4.  def a(x,y,d):
5.      turtle.penup()
6.      turtle.setpos(x,y)
7.      turtle.pendown()
8.      color = random.choice(color_list)
9.      turtle.fillcolor(color)
10.     turtle.begin_fill()
11.     for i in range(6):
```

```
12.        turtle.forward(d)
13.        turtle.left(180-36)
14.    turtle.end_fill()
15. for i in range(10):
16.    x = random.randint(-200,200)
17.    y = random.randint(-200,200)
18.    d = random.randint(10,60)
19.    a(x,y,d)
20. turtle.hideturtle()
```

第1行：导入 turtle 模块。

第2行：导入 random 模块。

第3行：定义一个元组 color_list，里面存放 5 种填充颜色。

第4～14行：定义函数 a，绘制一个五角星，该函数有 3 个参数，其中 x 为五角星位置的
横坐标，y 为五角星位置的纵坐标，d 为五角星的边长。

第5～7行：移动画笔到（x，y）位置。

第8、9行：从 color_list 元组中随机选择一种颜色作为填充颜色。

第10～14行：绘制一个边长为 d 的五角星，并填充颜色。

第10行：开始填充颜色。

第11行：使用 for… in 语句实现 5 次循环。

第12行：绘制长度为 d 的直线。

第13行：通过计算可知五角星的内角为 36°，所以左转 144°（即 180°－36°）。

第14行：结束填充颜色。

第15～19行：使用循环语句绘制 10 个五角星。

第15行：调用 for… in 语句实现 10 次循环。

第16行：生成一个随机数 x 作为五角星位置的横坐标。

第17行：生成一个随机数 y 作为五角星位置的纵坐标。

第18行：生成一个随机数 d 作为五角星的边长。

第 19 行：调用函数 a，开始绘制五角星。

第 20 行：隐藏箭头。

● **程序运行结果**

程序运行之后，结果如图 6-18 所示，可见程序绘制出了 10 颗不同颜色的星星，多运行几次程序可发现图案每次都不一样。

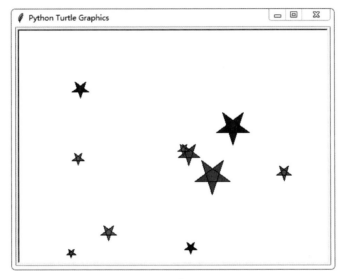

图 6-18　程序运行结果

编程过关挑战 —— "猜大小，赢金币" 游戏

难易程度　★★★★☆　　　过关时间　大约60分钟

✎ **挑战介绍**

前面完成了"璀璨星空"的编程绘制，接下来 Eric 老师和大家一起完成一个"猜大小，赢金币"的游戏。首先需要完成用户注册，根据用户年龄分配相应的金币；然后电脑开始生成 3 个介于 1 ~ 6 的随机数，如果 3 个数的总和大于 10 则为大，否则为小；最后用户猜大小，如果猜对则获得相应金币，否则扣除金币。用户可以使用金币购买道具。如果用户有道具，则可使用道具，道具的作用是放大输赢金币的倍数。如果金币小于或者等于 0，则游戏结束。

思路分析

用户注册时个人信息需要用字典存放，商店道具也需要使用字典存放，以便用户选择购买。同样，用户购买的道具也需要使用字典存放，以便选择使用，再结合循环判断相关知识即可完成本游戏。

编程实现

Eric 老师根据以上思路分析，编写程序如下：

```
1.  import time
2.  import random
3.  user_properties = {}
4.  properties = ['0-X3-(100金币)', '1-X5-(200金币)']
5.  user_info = {}
6.  def a1():
7.      global user_info
8.      name = input('请填写用户名：')
9.      age = input("{}您好，请输入您的年龄 : ".format(name))
10.     user_info = {'name': name, 'age': int(age)}
11.     if 10 < user_info['age'] < 18:
12.         glod = 1000
13.     elif 18 <= user_info['age'] <= 30:
14.         glod = 1500
15.     else:
16.         glod = 500
17.     user_info['glod'] = glod
18.     print("{}您好，欢迎玩本游戏，您的初始金币为：{}".format(user_
            info['name'], user_info['glod']))
19.     time.sleep(1)
20.     print('游戏说明'.center(50, '*'))
21.     print('*'.ljust(53), '*')
22.     print('*', end='')
```

```
23.     print("电脑每次投掷3枚骰子,总点数≥10为大,否则为小".center(32),
            end='')
24.     print('*')
25.     print('*'.ljust(53), '*')
26.     print('*' * 54)
27. def b():
28.     print("——————————开始猜大小——————————")
29.     dices = []
30.     for i in range(0, 3):
31.         dices.append(random.randint(1, 6))
32.     s = sum(dices)
33.     user_input = input('请输入 big OR small : ')
34.     u = user_input.strip().lower()
35.     time.sleep(0.5)
36.     return s,u
37. def c():
38.     multi = 1
39.     if len(user_properties) > 0:
40.         use_pro = input('是否使用道具 yes or no: ')
41.         if use_pro.lower() == 'yes':
42.             use_pro = int(input('请选择使用第几个道具 {} :'.format(user_
                        properties)))
43.             if(use_pro > (len(user_properties)-1)):
44.                 print("输入错误,本次不使用道具! ")
45.                 return 1
46.             if user_properties[str(use_pro)] == 'X3':
47.                 multi = 3
48.                 print('奖金翻3倍, ')
49.             elif user_properties[str(use_pro)] == 'X5':
50.                 multi = 5
```

```
51.              print(' 奖金翻 5 倍 '.format(multi))
52.              del user_properties[str(use_pro)]
53.      return multi
54. def d(multi,s,u):
55.      if (s >= 10 and u == 'big') or (s < 10 and u == 'small'):
56.          print(' 您赢了 !!!!')
57.          user_info['glod'] += (100 * multi);
58.          print(' 您现在有金币 :{} '.format(user_info['glod']))
59.      else:
60.          print(' 您输了 !')
61.          user_info['glod'] -= (100 * multi);
62.          print(' 您现在有金币 :{} '.format(user_info['glod']))
63.      if (user_info['glod'] <= 0):
64.          print(' 您的金币已经用完, 感谢您的使用 ')
65.          return 0
66.      else:
67.          return 1
68. def e():
69.      if user_info['glod'] % 400 == 0:
70.          shop = input(' 您现在有金币 :{},是否购买道具 yes or no: '.format(user_
                    info['glod']))
71.          if shop.lower() == 'yes':
72.              good_num = input(' 请选择要购买第几个道具 {} :'.format(properties))
73.              if good_num == "0":
74.                  user_properties[str(len(user_properties))] = "X3"
75.                  user_info['glod'] -= 100
76.                  print(' 购买成功! 消耗金币 100')
77.                  print(' 您现在有金币 :{} '.format(user_info['glod']))
78.              elif good_num == "1":
79.                  user_properties[str(len(user_properties))] = "X5"
```

```
80.            user_info['glod'] -= 200
81.                print('购买成功!消耗金币200')
82.                print('您现在有金币:{}'.format(user_info['glod']))
83.            else:
84.                print('没有该道具,您失去了这次机会')
85.        else:
86.            print('您现在有金币:{}'.format(user_info['glod']))
87. if __name__ == '__main__':
88.     a1()
89.     while True:
90.         s , u = b()
91.         multi = c()
92.         if(d(multi,s,u) == 0):
93.             break
94.         e()
95.     print('欢迎下次来玩,再见! ')
```

·关键代码行含义·

第1行：导入 time 模块。

第2行：导入 random 模块。

第3行：定义字典 user_properties 存放用户道具。

第4行：定义道具列表 properties，并放入两个道具。

第5行：定义字典 user_info 存放用户个人信息。

第6～26行：定义函数 a1，完成用户注册和游戏介绍。

第7行：使用 global 关键字声明 user_info 为全局变量。

第8～10行：输入用户名字和年龄，并放入字典 user_info 中。

第11～17行：根据用户年龄分配相应的金币，并把金币数放入字典 user_info 中。

第18～26行：输出游戏介绍信息。

第27～36行：定义函数 b，生成1～6之间的3个随机数并计算总和，获取用户输入，
返回随机数的和与用户输入。

第 29 行：定义列表 dices。

第 30、31 行：生成 3 个介于 1 ~ 6 的随机数，并放入列表 dices 中。

第 32 行：使用 sum 函数计算列表中的元素和并赋值给变量 s。

第 33 行：获取用户输入。

第 34 行：把用户输入的字符串转化为小写并赋值给变量 u。

第 35 行：调用 sleep 函数延时 0.5 秒。

第 36 行：使用 return 返回变量 s 和 u。

第 37 ~ 54 行：定义函数 c，判断用户是否使用道具，并返回输赢倍数。

第 38 行：定义变量 multi，并赋初值 1。

第 39 行：判断列表 user_properties 的长度是否大于 0，也就是判断用户是否有道具。

第 40、41 行：如果用户有道具，判断用户是否使用道具。

第 42 ~ 51 行：判断需要使用的道具，并根据具体道具设置输赢倍数。

第 52 行：从字典中删除该道具，因为道具只能使用一次。

第 53 行：返回输赢倍数。

第 54 ~ 67 行：定义函数 d。

第 55 ~ 62 行：判断用户输赢，并扣除或者奖励相应的金币。

第 63 ~ 67 行：判断用户金币是否用完，用完返回 0，否则返回 1。

第 68 ~ 86 行：定义函数 e，完成用户购买道具相关功能。

第 69 行：判断用户金币数是否为 400 的倍数，只有满足金币数是 400 的倍数才能购买道具。

第 70、71 行：获取用户输入，判断用户是否购买道具。

第 72 ~ 84 行：处理用户购买的道具，并扣除相应金币。

第 85、86 行：显示购买道具后剩下的金币数。

第 87 行：程序入口。

第 88 行：调用函数 a1。

第 89 行：程序进入无限循环。

第 90 行：调用函数 b。

第 91 行：调用函数 c。

第 92、93 行：调用函数 d，并判断返回值是否为 0，若为 0 则表示金币用完，退出循环，结束游戏。

第94行：调用函数 e。

第95行：输出游戏结束提示信息。

完成游戏编程后，开始运行程序，操作步骤如下。

第1步 ❯ 注册用户，输入名字和年龄，根据年龄分配初始金币，如图 6-19 所示。在此输入用户名 Eric，年龄 30，分配 1500 个金币。

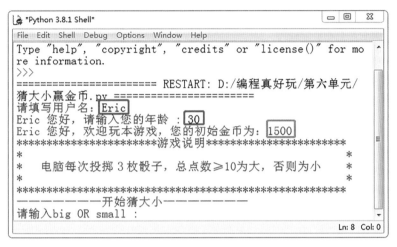

图 6-19　注册用户

第2步 ❯ 正式进入游戏，输入"big"或者"small"来猜大小，如图 6-20 所示。Eric 老师在此先输入"big"，程序提示输了并扣除 100 个金币，还剩 1400 个金币。然后又输入"samll"，结果还是猜错了，扣除 100 个金币，还剩 1300 个金币。

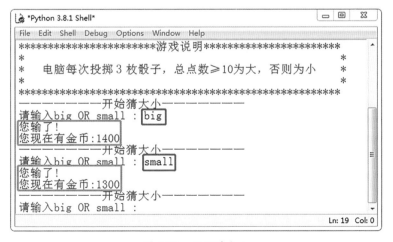

图 6-20　开始猜大小

第3步 购买道具，Eric 老师继续猜了几次，当金币数达到 1600 时，刚好是 400 的倍数，这时游戏提醒是否需要购买道具，如图 6-21 所示。Eric 老师在此输入"yes"即需要购买道具，然后程序输出了道具列表，输入"0"选择购买第一个道具，该道具消耗 100 个金币，可以实现 3 倍输赢。

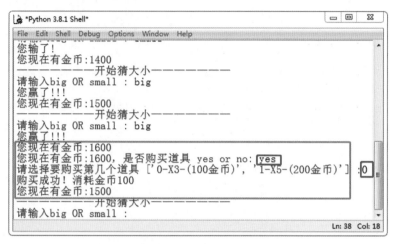

图 6-21 购买道具

第4步 使用道具。购买道具后，Eric 老师继续猜大小，如图 6-22 所示。当 Eric 老师输入"big"后，游戏提示是否使用道具，输入"yes"，游戏输出已有的道具列表供选择，在此选择"0"号道具。这次运气不错，猜对了，奖金翻 3 倍，赢得 300 个金币，加上之前的 1500 个金币，总共有 1800 个金币。

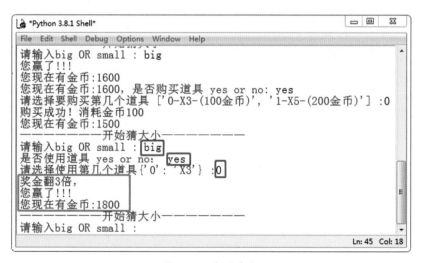

图 6-22 使用道具

单元小结

在本单元中，Eric 老师和大家一起学习 random 模块，其功能是生成随机数据，包括随机整数、随机小数和随机字符串，注意随机字符串是在给定的元组中选取的。通过使用 random 模块，我们完成了猜数字游戏和猜拳游戏的开发，通过对 random 与 turtle 模块的共同编程，我们绘制出一幅"璀璨星空"图。最后，使用已学过的列表、字典、循环判断及 random 模块，完成了一款"猜大小，赢金币"的游戏的开发。

初识图形化编程

——tkinter模块

　　"爱美之心，人皆有之"，这反映了人们对美的追求与向往。软件也一样，一个好软件，不光要功能强大，还要有"高颜值"的界面，让用户看了能够赏心悦目。前面几个单元所编写的程序，运行结果都是显示在 shell 交互窗口的，没有自己的图形用户界面，自然也就谈不上"颜值"。在设计软件时，我们不光要追求功能，同时也要对图形用户界面进行美化。

一个好的软件，不但要有强大的功能，而且要有赏心悦目的界面，能够让用户获得极佳体验感。前面讲解所有程序的运行结果都是显示在 shell 交互窗口中的，没有涉及图形用户界面，所以窗口界面比较单调。

那么，怎么编写出"高颜值"的软件呢？首先，拥有图形化界面是必需的，在本单元中 Eric 老师将带领大家一起学习如何编写带有图形化的应用程序。其次，我们以开发图形化的计算器为导向，通过对 tkinter 模块各个功能的学习，最终完成一个美观、实用的计算器软件，而且还可以分享给自己的朋友进行安装和使用。

7.1 tkinter 模块简介

tkinter 是使用 Python 进行窗口视窗设计的模块。它作为 Python 特定的 GUI 界面，是一个图像的窗口。tkinter 也是 Python 自带的、可以编辑的 GUI 界面。我们可以用 GUI 实现很多直观的功能，如开发一个计算器。如果只是在 shell 命令行输入 / 输出数据，几乎没有比较直观的用户体验。因此，开发一个图形化的窗口是很有必要的。

案例 28 创建计算器的界面

案例描述

在本单元中，我们的目标是完成一个计算器的开发。首先要创建一个主窗口，就像作画一样，要准备好画架和画板，然后才能在上面放画纸和各种绘画元素，因此主窗口又称画布。创建好主窗口之后才能在上面放置各种控件元素，那么怎么使用 tkinter 模块创建一张画布呢？

案例分析

创建画布要使用到 tkinter 模块中的 Tk 函数，设置画布大小需使用 geometry 函数，设置标题需使用 title 函数。

编程实现

根据案例描述和分析，编写的程序如下：

```
1.  import tkinter as tk
2.  window = tk.Tk()
3.  window.title(' 计算器—Eric 开发 ')
```

```
4. window.geometry('300x300')
5. window.mainloop()
```

 **程序详解**

第1行：导入 tkinter 模块，使用 as 关键字给 tkinter 模块取一个简单的名字为 tk，以方便后面调用。

第2行：调用 tkinter 模块的 Tk 函数，建立窗口 window。

第3行：调用 tkinter 模块的 title 函数给窗口起个名字，运行程序时这个名字会显示在窗体的左上角。

第4行：调用 tkinter 模块的 geometry 函数设置窗体的大小，长为300，宽为300，单位为像素点，与 turtle 中的一样。

第5行：调用 tkinter 模块的 mainloop 函数，让窗体循环显示。如果不调用该函数，运行程序时窗体会在弹出后马上消失。

● **程序运行结果**

　　程序运行后，会弹出一个新的窗口，如图 7-1 所示。我们可以看到窗口的左上角显示了设置的名字，大家也可以写上自己的名字，等计算器开发完成后，分享给自己的朋友使用，会非常有成就感。

图 7-1　程序运行结果

案例29 创建计算器的输入框

🖉 **案例描述**

　　对于计算器，输入框是不能缺少的，但是怎么创建一个文本输入框呢？

🖉 **案例分析**

　　Entry 是 tkinter 模块提供的一个单行文本输入框，用来输入显示一行文本，收集键盘输入。当需要输入信息（如使用软件、登录网页）时，用户交互界面需要登录账户信息时才可以使用。

 编程实现

在案例 28 的程序基础上新添加两行字体加粗的程序，用来创建文本输入框。

```
1.  import tkinter as tk
2.  window = tk.Tk()
3.  window.title('计算器—Eric 开发')
4.  window.geometry('300x300')
5.  e = tk.Entry(window, show = None)
6.  e.pack()
7.  window.mainloop()
```

程序详解

第 5 行：在图形界面上设定输入框控件 Entry，第一个参数表示需要把控件放置到 window 窗体上，第二个参数 show=None 表示以明文的形式显示。

第 6 行：调用 pack 函数放置控件，如果不调用该函数，输入框控件不会显示在窗体上。

● 程序运行结果

程序运行后，可以看到在如图 7-2 所示的窗体中出现了一个文本输入框。我们可以输入任意字符，在这里 Eric 老师输入了"编程真好玩"的字符串。

图 7-2　程序运行结果

案例 30 给计算器输入框加个名字

案例描述

在案例 29 中我们给新窗体添加了一个文本输入框，但是这个文本输入框没有名称，在给用户使用的时候，用户不知道应该往这个文本输入框中输入什么内容。怎么给这个文本输入框设置一个名字，以方便用户使用呢？

案例分析

根据案例描述，使用 tkinter 模块中的 Label 函数可以在画布中添加一个文本显示标签。

编程实现（1）

在案例 29 的程序基础上，我们给文本输入框添加一个名称，以提示用户应该输入什么内容。新添加的程序为字体加粗部分。

```
1. import tkinter as tk
2. window = tk.Tk()
3. window.title(' 计算器—Eric 开发 ')
4. window.geometry('300x300')
5. l = tk.Label(window, text=' 请输入第一个数 ',width=30, height=2)
6. l.pack()
7. e = tk.Entry(window, show = None)
8. e.pack()
9. window.mainloop()
```

第 5 行：调用 tkinter 模块中的 Label 函数，在图形界面上设定标签，该函数需要传入 4 个参数，分别是需要显示的窗体、需要显示的文字，以及标签的宽度和标签的高度，然后将其赋值给变量 l。

第 6 行：调用标签变量 l 的 pack 函数放置标签控件，如果不调用该函数，标签控件不会显示在窗体上。

● **程序运行结果（1）**

程序运行后，可以看到在如图 7-3 所示的窗体中出现了一行文字，即程序中给标签设置的参数；文字下面有一个文本输入框，这样用户在使用这个软件的时候，看到文本框名称就知道在文本输入框中应该输入什么内容。

图 7-3　程序运行结果（1）

编程实现（2）

我们要做两个数的加、减、乘、除运算，因此还需要添加一个标签和一个文本输入框，只需要把案例 30 中第 5 ～ 8 行程序复制到下面，简单修改参数即可，下面字体加粗部分为新添加的程序，最终程序如下所示：

```
1.  import tkinter as tk
2.  window = tk.Tk()
3.  window.title(' 计算器—Eric 开发 ')
4.  window.geometry('300x300')
5.  l = tk.Label(window, text=' 请输入第一个数 ',width=30, height=2)
6.  l.pack()
7.  e = tk.Entry(window, show = None)
8.  e.pack()
9.  l = tk.Label(window, text=' 请输入第二个数 ',width=30, height=2)
10. l.pack()
11. e = tk.Entry(window, show = None)
12. e.pack()
13. window.mainloop()
```

● **程序运行结果（2）**

程序运行结果之后，如图 7-4 所示，有两个标签和两个输入框，这样用户就可以实现两个数的输入了。

图 7-4　程序运行结果（2）

案例 31 计算结果

案例描述

在开发的计算器中输入两个数以后，用户可根据自己的需要单击对应的按键，然后软件便可输出计算结果。那么如何在窗体上添加一个按键？怎么实现当单击按键后程序计算出结果呢？

案例分析

创建按键只需要调用 tkinter 模块中的 button 函数即可。button（按钮）部件是一个标准的 tkinter 窗口部件，用来创建各种按键，并且能够将按键与一个 Python 函数或方法相关联。当这个按键被按下时，tkinter 自动调用相关联的函数或方法。

编程实现（1）

首先创建一个加法按键。当用户输入两个数后，单击加法按键，软件就会把这两个数的和显示在窗体上。在案例 30 最终程序的基础上，我们只需要添加第 13、14 行代码即可，

具体如下：

```
1.  import tkinter as tk
2.  window = tk.Tk()
3.  window.title(' 计算器—Eric 开发 ')
4.  window.geometry('300x300')
5.  l = tk.Label(window, text=' 请输入第一个数 ',width=30, height=2)
6.  l.pack()
7.  e = tk.Entry(window, show = None)
8.  e.pack()
9.  l = tk.Label(window, text=' 请输入第二个数 ',width=30, height=2)
10. l.pack()
11. e = tk.Entry(window, show = None)
12. e.pack()
13. b = tk.Button(window, text=" 加 ")
14. b.pack()
15. window.mainloop()
```

程序详解（1）

第 13 行：添加一个按键，显示名字为"加"。

第 14 行：显示这个按键。

图 7-5　程序运行结果（1）

● 程序运行结果（1）

程序运行之后，结果如图 7-5 所示。先输入两个整数，然后单击"加"按键，发现程序没有任何反应，这是因为还没有给这个按键关联函数，这个关联的函数又称回调函数。

编程实现（2）

在上一步的编程实现中给按键添加回调函数。回调函数的作用就是当按键被单击时程序执行相关动作。在本案例中单击"加"按键，软件将显示两个数的和。因此，这个回调函数要做3件事情。第一，获取用户输入的数据；第二，把这两个数据相加；第三，把相加的结果显示在按键下方。新添加的程序为字体加粗部分，完整程序如下所示：

```
1.  import tkinter as tk
2.  window = tk.Tk()
3.  window.title('计算器—Eric开发')
4.  window.geometry('300x300')
5.  l = tk.Label(window, text='请输入第一个数',width=30, height=2)
6.  l.pack()
7.  a1 = tk.Variable()
8.  e = tk.Entry(window, textvariable=a1,show = None)
9.  e.pack()
10. l = tk.Label(window, text='请输入第二个数',width=30, height=2)
11. l.pack()
12. a2 = tk.Variable()
13. e = tk.Entry(window,textvariable=a2,show = None)
14. e.pack()
15. def fun1():
16.     a = a1.get()
17.     b = a2.get()
18.     data = int(a)+int(b)
19.     text.delete(0.0, "end")
20.     text.insert(tk.INSERT, data)
21. b = tk.Button(window,text="加",command=fun1)
22. b.pack()
23. l = tk.Label(window,text='结果',width=30,height=2)
24. l.pack()
25. text = tk.Text(window,width=30,height=2)
```

```
26. text.pack()
27. window.mainloop()
```

程序详解（2）

第7～9行：添加一个文本输入框，定义变量a1用来存放用户输入的第一个数。

第12～14行：添加一个文本输入框，定义变量a2用来存放用户输入的第二个数。

第15～20行：定义函数fun1，作为"加"按键的回调函数。

第16行：获取a1的值，并赋给变量a。

第17行：获取a2的值，并赋给变量b。

第18行：计算a和b相加的和，并赋给变量data。

第19行：在显示新的数据之前清除结果显示框中的数据，以便显示新的数据。

第20行：把变量data添加到结果显示框中。

第23行：添加一个标签，显示"结果"二字。

第24行：显示这个标签。

第25行：添加一个文本框，用于显示计算结果。

第26行：显示这个文本框。

程序运行结果（2）

程序运行结果如图7-6所示。在第一个文本输入框中输入20，在第二个文本输入框中输入50，单击"加"按键，结果显示为70，说明加法计算器已经成功完成。

图7-6　程序运行结果（2）

案例32 开发"全能计算器"

案例描述

在案例31中，Eric老师和大家一起完成了一款带有图形化界面的加法计算器的编程开发。如果只有加法功能，还不能满足计算的需要，那么接下来Eric老师继续和大家一起对这个计算器程序进行完善，给它添加上减法、乘法与除法功能。那么，怎么完善这个程序呢？

案例分析

在"加"按键后面再添加3个按键，分别显示"减""乘""除"。当用户输入数据后，单击任意一个按键，程序就执行对应的计算，并将计算结果显示在文本框中。

编程实现

根据案例描述和分析，添加了如下所示字体加粗部分代码，完整程序如下所示：

```
1.  import tkinter as tk
2.  window = tk.Tk()
3.  window.title(' 计算器—Eric 开发 ')
4.  window.geometry('300x330')
5.  l = tk.Label(window, text=' 请输入第一个数 ',width=30, height=2)
6.  l.pack()
7.  a1 = tk.Variable()
8.  e = tk.Entry(window, textvariable=a1,show = None)
9.  e.pack()
10. l = tk.Label(window, text=' 请输入第二个数 ',width=30, height=2)
11. l.pack()
12. a2 = tk.Variable()
13. e = tk.Entry(window,textvariable=a2,show = None)
14. e.pack()
15. def fun1():
16.     a = a1.get()
17.     b = a2.get()
18.     data = int(a)+int(b)
19.     text.delete(0.0, "end")
20.     text.insert(tk.INSERT, data)
21. def fun2():
22.     a = a1.get()
23.     b = a2.get()
```

```
24.      data = int(a)-int(b)
25.      text.delete(0.0, "end")
26.      text.insert(tk.INSERT, data)
27. def fun3():
28.      a = a1.get()
29.      b = a2.get()
30.      data = int(a)*int(b)
31.      text.delete(0.0, "end")
32.      text.insert(tk.INSERT, data)
33. def fun4():
34.      a = a1.get()
35.      b = a2.get()
36.      if(int(b) == 0):
37.          text.delete(0.0, "end")
38.          text.insert(tk.INSERT, "除数不能为0")
39.      else:
40.          data = int(a)/int(b)
41.          text.delete(0.0, "end")
42.          text.insert(tk.INSERT, data)
43. b1 = tk.Button(window,text=" 加 ",command=fun1)
44. b1.pack()
45. b2 = tk.Button(window,text=" 减 ",command=fun2)
46. b2.pack()
47. b3 = tk.Button(window,text=" 乘 ",command=fun3)
48. b3.pack()
49. b4 = tk.Button(window,text=" 除 ",command=fun4)
50. b4.pack()
51. l = tk.Label(window,text=' 结果 ',width=30,height=2)
52. l.pack()
53. text = tk.Text(window,width=30,height=2)
```

```
54. text.pack()
55. window.mainloop()
```

第21 ~ 26行： 定义函数 fun2，作为"减"按键的回调函数。

第27 ~ 32行： 定义函数 fun3，作为"乘"按键的回调函数。

第33 ~ 42行： 定义函数 fun4，作为"除"按键的回调函数。特别说明的是，Eric 老师在除法回调函数中做了一个除数不能为零的判断，当除数为零时，程序会输出相关提示信息。

第45、46行： 添加一个按键，命名为"减"，回调函数为 fun2，并显示这个按键。

第47、48行： 添加一个按键，命名为"乘"，回调函数为 fun3，并显示这个按键。

第49、50行： 添加一个按键，命名为"除"，回调函数为 fun4，并显示这个按键。

程序运行结果

程序运行之后，结果如图 7-7 所示。Eric 老师输入的第一个数为 100，第二个数为 0，当单击"除"按键时，结果框中输出"除数不能为 0"的提示信息。至此，图形化计算器编程开发已经完成。

图 7-7　程序运行结果

7.2 程序打包

计算器的程序编写完成后，经测试没有任何问题，在分享给朋友之前还有一个工作需要完成 —— 把程序打包为".exe"文件，而不是直接分享程序源码。如果是分享源码，电脑上没有安装 IDLE 软件或者不懂 Python 程序的朋友们就没办法使用这个计算器。如果将程

序打包成".exe"文件，就可以方便地使用这个计算器软件了。下面 Eric 老师就给大家介绍如何把程序打包为".exe"文件的方法和步骤。

第1步 单击"开始"按钮，在搜索栏中输入"cmd"，按"Enter"键进入命令行模式，如图 7-8 所示。

图 7-8　命令行模式

第2步 安装 pyinstaller 模块。在命令行中输入"pip install pyinstaller"命令进行安装即可，如图 7-9 所示。程序会自动下载并安装 pyinstaller 模块，因此计算机一定要连接好网络，整个安装过程大概需要两分钟，请大家耐心等待。

图 7-9　安装 pyinstaller 模块

第3步 进入源文件所在的目录，这里 Eric 老师把计算器的源码放在 "D:\ 编程真好玩 \ 第七单元" 中，如图 7-10 所示。

图 7-10　切换到源文件所在目录

第4步 输入 pyinstaller -F test7.py 命令，按 "Enter" 键，程序开始打包，生成 ".exe" 文件。如图 7-11 所示，可以看到生成了一个名为 test7.exe 的可执行文件。

图 7-11　打包生成 exe 文件

通过前面的 4 步，就完成了计算器源文件的打包。在 "D:\ 编程真好玩 \ 第七单元 \dist" 目录下找到 "test7.exe" 文件，然后就可以把这个可执行文件分享给朋友们，只需简单安装即可使用，一起来体验编程的乐趣吧！

编程过关挑战 —— 开发自带按键的计算器

难易程度	★★★★☆		过关时间	大约60分钟

挑战介绍

通过前面的几个案例，我们一步步完成了计算器的程序编写，最后打包成 ".exe" 可执行文件，但是这个计算器没有数字键盘。那么能否使用 tkinter 模块编写自带按键的计算器（见图 7-12）呢？

图 7-12　带数字键盘的计算器

思路分析

使用 tkinter 模块编写自带按键的计算器是完全可以实现的，而且难度并不大，我们只需要定义相应的按键与相关回调函数即可。

编程实现

根据以上思路分析，Eric 老师编写的程序如下：

```
1.  from tkinter import *
2.  import tkinter.font as tkFont
3.  from functools import partial
4.  def get_input(entry, argu):
5.      entry.insert(END, argu)
6.  def back_space(entry):
7.      input_len=len(entry.get())
8.      entry.delete(input_len-1)
9.  def delete(entry):
10.     entry.delete(0, END)
11. def calc(entry):
12.     input=entry.get()
13.     output=str(eval(input.strip()))
14.     delete(entry)
15.     entry.insert(END,output)
16. def main():
17.     root=Tk()
18.     root.title("Eric 开发 ")
19.     root.resizable(0,0)
20.     entry_font=tkFont.Font(size=16)
21.     entry=Entry(root, justify="right", font=entry_font)
22.     entry.grid(row=0, column=0, columnspan=4, sticky=W+E+N+S,
                    padx=5, pady=5)
23.     button_font=tkFont.Font(size=16, weight=tkFont.BOLD)
24.     button_bg='#D5E0EE'
25.     button_active_bg='#E5E35B'
26.     myButton=partial(Button, root, bg=button_bg, padx=15,
                    pady=12, activebackground=button_active_bg)
27.     button7=myButton(text='7',command=lambda : get_input(entry, '7'))
28.     button7.grid(row=1, column=0, pady=5)
```

```
29.    button8=myButton(text='8',command=lambda : get_input(entry, '8'))
30.    button8.grid(row=1, column=1, pady=5)
31.    button9=myButton(text='9',command=lambda : get_input(entry, '9'))
32.    button9.grid(row=1, column=2, pady=5)
33.    button10=myButton(text='+',command=lambda : get_input(entry, '+'))
34.    button10.grid(row=1, column=3, pady=5)
35.    button4=myButton(text='4',command=lambda : get_input(entry, '4'))
36.    button4.grid(row=2, column=0, pady=5)
37.    button5=myButton(text='5',command=lambda : get_input(entry, '5'))
38.    button5.grid(row=2, column=1, pady=5)
39.    button6=myButton(text='6',command=lambda : get_input(entry, '6'))
40.    button6.grid(row=2, column=2, pady=5)
41.    button11=myButton(text='-',command=lambda : get_input(entry, '-'))
42.    button11.grid(row=2, column=3, pady=5)
43.    button1=myButton(text='1',command=lambda : get_input(entry, '1'))
44.    button1.grid(row=3, column=0, pady=5)
45.    button2=myButton(text='2',command=lambda : get_input(entry, '2'))
46.    button2.grid(row=3, column=1, pady=5)
47.    button3=myButton(text='3',command=lambda : get_input(entry, '3'))
48.    button3.grid(row=3, column=2, pady=5)
49.    button12=myButton(text='*',command=lambda : get_input(entry, '*'))
50.    button12.grid(row=3, column=3, pady=5)
51.    button0=myButton(text='0',command=lambda : get_input(entry, '0'))
52.    button0.grid(row=4, column=0, columnspan=2, padx=3, pady=5,
              sticky=W+E+N+S)
53.    button13=myButton(text='.',command=lambda : get_input(entry, '.'))
54.    button13.grid(row=4, column=2, pady=5)
55.    button14=myButton(text='/',command=lambda : get_input(entry, '/'))
56.    button14.grid(row=4, column=3, pady=5)
```

```
57.    button15=myButton(text='<-',command=lambda : back_space(entry))
58.    button15.grid(row=5, column=0, pady=5)
59.    button16=myButton(text='C',command=lambda : delete(entry))
60.    button16.grid(row=5, column=1, pady=5)
61.    button17=myButton(text='=',command=lambda : calc(entry))
62.    button17.grid(row=5, column=2, columnspan=2, padx=3, pady=5,
                      sticky=W+E+N+S)
63.    root.mainloop()
64. if __name__ == '__main__':
65.    main()
```

· 关键代码行含义 ·

第1行：导入 tkinter 模块。

第2行：导入 font 方法，用于修改输入字体大小。

第3行：导入 partial 函数，用于修改控件的默认配置。

第4、5行：定义 get_input 函数，获取按键信息并插入到文本框中。

第6~8行：定义 back_space 函数，回退操作，调用 entry 中的 get 函数获取文本框输入字符串，计算其长度，删除第 input_len-1 位置的字符。

第9、10行：定义 delete 函数，清除操作，将从 0 到 END 的字符全部清除。

第11~15行：定义 calc 函数，当单击键盘中的 "=" 时会调用此函数处理运算结果，将输入的数据调用 strip 函数去除左右两边的空格，再调用 eval 函数处理表达式的结果，调用 delete 函数清空文本框，将结果输出到文本框。

第16~63行：定义 main 函数，绘制 18 个按键，合理设置按键位置，并采用 lambda 表达式调用事件处理函数。

第64、65行：程序从这里开始执行，调用 main 函数。

编写完上面的程序，运行结果如图 7-13 所示，即呈现在屏幕上的是一个自带按键的计算器。

在图 7-13 中，Eric 老师通过屏幕按键输入 "1111+2222"，当单击 "=" 按键时，结果如图 7-14 所示。

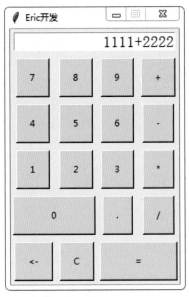

图 7-13　程序运行结果（1）

图 7-14　程序运行结果（2）

图 7-14 所示的计算器中显示 3333，刚好是 1111+2222 的结果。其他功能还包括回退、清除、减法、乘法、除法、小数点等，经 Eric 老师测试都是没有问题的，在此就不再一一截图展示了，同学们编好程序可以自行测试。

在本单元中，我们学习了一个新的模块——tkinter。tkinter 是一个用于图形界面开发的模块，通过对该模块的使用，可以开发出具有图形化界面的软件。相比于只能在命令行运行的程序，图形化的程序更加美观、简洁。在后面的单元中我们还将使用 tkinter 模块编程开发一款聊天软件。

信息管理入门

——通讯录软件开发

　　信息管理是人类为了有效地开发和利用信息资源，以现代信息技术为手段，对信息资源进行计划、组织、领导和控制的社会活动。简单地说，信息管理就是人对信息资源和信息活动的管理。信息管理的过程包括信息收集、信息加工、信息传输和信息存储。

在手机还没有出现之前，那时人们都是通过有线电话进行联络。但那时的有线电话不能存储电话号码，因此人们通常把电话号码记录在一个小本上，这个小本就是电话本。随着信息技术的发展，手机功能越发强大，电话本也逐渐退出历史舞台。不光是电话本，还有个人存折、各种档案等，在以前都是通过手写、以纸张为载体的方式进行管理的，与现在的信息处理方式相比，显得相当落后。可见，科技的发展极大地方便了人们的生活。

为了让大家体验现代信息管理技术，Eric 老师将在本单元带领大家从零开始，一步步开发通讯录软件。通信录软件的主要功能为管理联系人的姓名、年龄、电话号码、微信号等信息。

8.1 数据的长久保存——文件

在前面的单元中，我们发现不管是列表还是字典中的数据都只是存放在计算机缓存中，当程序运行结束，缓存被操作系统清理，数据就会消失，不能长久地保存。因此，接下来Eric 老师和大家一起学习长久保存数据的方法 —— 文件。

在计算机中有各种各样的文件，如图 8-1 所示，包括文档、图片、音乐、视频等，一般通过文件扩展名区分。

图 8-1　各种各样的文件

因为这些文件是存储在计算机的硬盘中，所以这些文件可以长久地保存，不会随计算机的关闭而消失。如果我们把列表或者字典通过文件的形式存放在计算机的硬盘中，那么列表或者字典也会长久地保存。

8.2 文件的创建

在 Python 中使用 open 函数打开文件，如果文件不存在则创建文件。在文本模式下编写的程序如下所示：

```
1.  f = open('test.txt', 'w')
2.  f.close()
```

第 1 行：调用 open 函数创建一个文件，并赋值给变量 f，f 又称为文件描述符，可以用来操作这个文件。第一个参数为文件名，在此传入 test.txt；第二个参数为访问模式，传入 w 表示打开一个文件只用于写入。如果该文件已存在，则将其覆盖；如果该文件不存在，则创建新文件。

第 2 行：调用 close 函数关闭文件。

● **程序运行结果**

运行程序后，可以看到在当前 Python 程序所在的目录中，多了一个 test.txt 文件，表示文件创建成功，如图 8-2 所示。

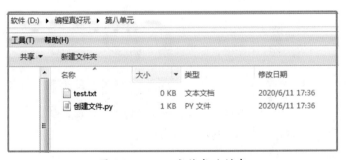

图 8-2　test.txt 文件成功创建

8.3 文件的写入

文件的写入分为两种模式：覆盖和追加。覆盖就是在写入新内容时把文件的旧内容都删除，追加就是将新内容写在旧内容的后面，旧内容并不删除。

8.3.1 文件的覆盖

在此 Eric 老师先给大家演示覆盖模式。在创建的空文件 test.txt 中添加内容，程序如下所示：

```
1. f = open('test.txt', 'w')
2. f.write("hello")
3. f.close()
```

第 2 行：调用 write 函数向 test.txt 文件中写入"hello"。

● 程序运行结果

运行程序，双击打开 test.txt 文件，可以看到"hello"已经存在于该文件中，如图 8-3 所示。

图 8-3 程序运行结果

8.3.2 文件的追加

在第 8.3.1 节中往 test.txt 文件中写入了"hello"，现在继续往该文件中写入"world"。如果使用覆盖模式，那么"hello"就会被覆盖，最终 test.txt 文件中只有"world"。那么，怎么让"hello"不被覆盖呢？答案就是使用追加模式，只需要将 open 函数的第二个参数换为"a"即可实现追加效果，程序如下所示：

```
1. f = open('test.txt', 'a')
2. f.write("world")
3. f.close()
```

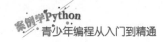

第1行：以追加模式（使用参数 a）打开文件。

第2行：把"world"追加到文件末尾。

第3行：关闭文件。

● **程序运行结果**

运行程序，双击打开 test.txt 文件，可以看到"world"紧跟在"hello"后面，如图 8-4 所示。

图 8-4　程序运行结果

8.4 文件的读取

除了能往文件中写入内容，还可以从文件中读取内容。下面我们就编写一段程序从 test. txt 文件中读取内容。

```
1.  f = open('test.txt', 'r')
2.  data = f.read()
3.  print(data)
4.  f.close()
```

第1行：使用 open 函数打开文件，注意第二个参数为"r"，表示以读的方式打开文件，
　　　　这样才能读取文件内容。

第2行：调用 read 函数读取文件内容，并把内容赋值给变量 data。

第3行：调用 print 函数输出读取的文件内容。

第4行：调用 close 函数关闭文件。

● **程序运行结果**

运行程序之后，结果如图 8-5 所示，可以看出"helloworld"已经被成功读取。

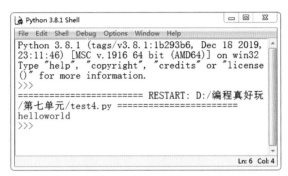

图 8-5　程序运行结果

● **文件常用模式汇总表**

在 Python 中，对文本文件的常用打开模式如表 8-1 所示。

表 8-1　文本文件的常用打开模式

打开模式	含义
r	以只读方式打开文件。文件的指针将会放在文件的开头
w	打开一个文件只用于写入。如果该文件已存在，则将其覆盖；如果该文件不存在，则创建新文件
a	打开一个文件用于追加。如果该文件已存在，新的内容将会被写入到已有内容之后；如果该文件不存在，则创建新文件进行写入
r+	打开一个文件用于读写。文件指针将会放在文件的开头
w+	打开一个文件用于读写。如果该文件已存在，则将其覆盖；如果该文件不存在，则创建新文件
a+	打开一个文件用于读写。如果该文件已存在，文件打开时会是追加模式；如果该文件不存在，则创建新文件用于读写

8.5 通讯录软件介绍

前面我们学习了可以用来存储学生信息的数据结构（如列表、字典），还学习了文件的创建与读写方法，以及通过文件可以实现信息的长久保存。这样，我们就扫清了通讯录软件开发前的所有障碍。接下来，Eric 老师和大家一起一步步完成通讯录软件的编程开发。

案例33 搭建软件框架

案例描述

对于要开发的通讯录软件，要求具备以下功能。

①软件运行后，进入主菜单，可以选择添加、查找、删除功能。

②在添加功能中，可以添加学生的名字、年龄、手机号、微信号。

③在查找功能中，只需要输入学生的名字，即可看到学生的全部信息。

④在删除功能中，只需要输入学生的名字，即可删除该学生的全部信息。

一般来说，开发软件时应先搭建软件框架，然后完善各个功能。现在 Eric 老师和大家一起搭建通讯录软件框架，完成主菜单功能。

案例分析

主菜单内容会多次出现，以提醒和引导用户操作，因此可以把主菜单内容放入一个函数中，以便调用。添加、查找、删除、查看等功能可以先不定义，可以使用 pass 进行占位。

编程实现

根据案例分析，编写出软件框架程序如下：

```
1.  def menu():
2.      print("                    ")
3.      print("***--- 通讯录 ---***")
4.      print("---1.添加联系人 ---")
5.      print("---2.查找联系人 ---")
6.      print("---3.删除联系人 ---")
7.      print("---4.查看所有人 ---")
8.      print("---5.退出 ---------")
```

```
9.        a = input(" 请选择功能： ")
10.       return int(a)
11. if __name__ == '__main__':
12.     while True:
13.         a = menu()
14.         if(a == 1):
15.             pass
16.         elif(a == 2):
17.             pass
18.         elif(a == 3):
19.             pass
20.         elif(a == 4):
21.             pass
22.         elif(a == 5):
23.             pass
```

第 1 ~ 10 行：定义 menu 函数，用于显示菜单信息，用户根据菜单选择相应功能。

第 2 ~ 8 行：输出菜单信息。

第 9 行：使用 input 函数获取用户的输入并赋值给变量 a，即用户选择的功能。

第 10 行：把变量 a 转化为整数并使用 return 关键字返回该整数。

第 11 行：在"if __name__ == 'main':"下的代码只有在作为执行脚本时才会被执行，而导入到其他脚本中是不会被执行的，因为在此只有一个 Python 文件，所以可以理解为程序从这里开始执行。

第 12 行：进入 while 无限循环。

第 13 行：调用主菜单函数 menu，并使用变量 a 接收返回值。

第 14 ~ 23 行：判断返回值，根据返回值执行相应的功能，由于相应的功能函数还没定义，所以在此使用 pass 进行占位。

● 程序运行结果

通讯录软件框架搭建完成后，运行程序，程序进入无限循环中，输出菜单信息，并接收用户的输入。在此 Eric 老师输入"1"以选择"添加联系人"功能，由于功能函数还没完成，所以看不到输入后的效果，如图 8-6 所示。

图 8-6　程序运行结果

案例 34 添加联系人

案例描述

在案例 33 中，我们完成了通信录软件的框架搭建。接下来我们编写添加联系人的功能代码，可以添加联系人的名字、年龄、手机号、微信号。

案例分析

根据案例描述，我们可以使用字典存放一个联系人的信息，然后把这个字典放入一个列表中。因为列表可以存放多个字典，所以这样就可以实现多个联系人信息的存放。

编程实现

根据案例分析，完成添加联系人功能，新添加了字体加粗部分代码，编写的完整程序如下所示：

```
1. people_list = []
2. def menu():
3.     print(" ")
4.     print("***--- 通讯录 ---***")
5.     print("---1.添加联系人 ---")
6.     print("---2.查找联系人 ---")
7.     print("---3.删除联系人 ---")
8.     print("---4.查看所有人 ---")
9.     print("---5.退出 ---------")
10.    a = input("请选择功能：")
11.    return int(a)
12. def add():
13.    people = {}
14.    name = input("请输入名字：")
15.    age = input("请输入年龄：")
16.    num = input("请输入手机号：")
17.    wechat = input("请输入微信号：")
18.    people["name"] = name
19.    people["age"] = age
20.    people["num"] = num
21.    people["wechat"] = wechat
22.    people_list.append(people)
23.    print("联系人添加成功！")
24. if __name__ == '__main__':
25.    while True:
26.        a = menu()
27.        if(a == 1):
28.            add()
29.        elif(a == 2):
```

```
30.            pass
31.        elif(a == 3):
32.            pass
33.        elif(a == 4):
34.            pass
35.        elif(a == 5):
36.            pass
```

程序详解

在案例 33 所编写的程序的基础上，添加了第 12 ～ 23 行，定义函数 add，用于添加联系人相关信息。

第 1 行：定义一个空列表 people_list。

第 12 行：定义 add 函数。

第 13 行：定义一个空字典 people。

第 14 行：通过 input 函数输入联系人的名字，并赋值给变量 name。

第 15 行：通过 input 函数输入联系人的年龄，并赋值给变量 age。

第 16 行：通过 input 函数输入联系人的手机号，并赋值给变量 num。

第 17 行：通过 input 函数输入联系人的微信号，并赋值给变量 wechat。

第 18 行：以字符串 "name" 为键，变量 name 为值，组成键值对放入 people 字典中。

第 19 行：以字符串 "age" 为键，变量 age 为值，组成键值对放入 people 字典中。

第 20 行：以字符串 "num" 为键，变量 num 为值，组成键值对放入 people 字典中。

第 21 行：以字符串 "wechat" 为键，变量 wechat 为值，组成键值对放入 people 字典中。

第 22 行：把存有联系人信息的字典 people 放入列表 people_list 中。

第 23 行：输出提示信息。

第 28 行：调用 add 函数。

● 程序运行结果

编写完成添加联系人的程序后，我们就可以添加联系人了。运行程序，结果如图 8-7 所示。Eric 老师输入"1"以选择"添加联系人"功能，程序会要求输入名字、年龄、手机号码与微信号。当输入完成后，程序会输出"联系人添加成功！"字样，表示联系人信息已经成功添加。

图8-7 程序运行结果

案例35 查找联系人

案例描述

在案例34中，我们完成了联系人的名字、年龄、手机号、微信号的添加功能。接下来，Eric老师继续和大家一起完成联系人的查找功能。

案例分析

查找联系人首先需要用户输入联系人的名字，然后再遍历列表。由于列表中存放的是字典，所以应该在遍历循环中判断字典中"name"键的值是否等于用户输入。如果等于则表示找到了该联系人，并输出该联系人的信息，然后使用break结束遍历；如果不等于，则继续下一次遍历循环，如果遍历结束都没有找到该联系人，说明该联系人不存在。

✏️ **编程实现**___

根据案例分析，完成了查找联系人的功能，新添加了字体加粗部分代码，完整的程序如下所示：

```python
1.  people_list = []
2.  def menu():
3.      print("                    ")
4.      print("***--- 通讯录 ---***")
5.      print("---1.添加联系人---")
6.      print("---2.查找联系人---")
7.      print("---3.删除联系人---")
8.      print("---4.查看所有人---")
9.      print("---5.退出---------")
10.     a = input("请选择功能：")
11.     return int(a)
12. def add():
13.     people = {}
14.     name = input("请输入名字：")
15.     age = input("请输入年龄：")
16.     num = input("请输入手机号：")
17.     wechat = input("请输入微信号：")
18.     people["name"] = name
19.     people["age"] = age
20.     people["num"] = num
21.     people["wechat"] = wechat
22.     people_list.append(people)
23.     print("联系人添加成功！")
24. def find():
25.     flag = 0
26.     name = input("请输入要找出的名字：")
```

```
27.        for people in people_list:
28.            if(name == people["name"]):
29.                flag = 1
30.                print("age:",people["age"])
31.                print("num:",people["num"])
32.                print("wechat:",people["wechat"])
33.                break
34.        if(flag == 0):
35.            print(" 没有找到该联系人！")
36. if __name__ == '__main__':
37.        while True:
38.            a = menu()
39.            if(a == 1):
40.                add()
41.            elif(a == 2):
42.                find()
43.            elif(a == 3):
44.                pass
45.            elif(a == 4):
46.                pass
47.            elif(a == 5):
48.                pass
```

程序详解

　　在案例 34 所编写的程序的基础上添加第 24 ～ 35 行程序，定义函数 find，用于查找联系人相关信息。

第 24 行：定义 find 函数。

第 25 行：定义一个整型变量 flag，初始值为 0。

第 26 行：使用 input 函数输入要查找的联系人名字，并赋值给变量 name。

第27行：遍历列表 people_list，注意列表中存放的是一个个字典，一个联系人的信息存放在一个字典中，有多少个联系人就有多少个字典。

第28行：在遍历中判断每个字典中"name"键对应的值是否与用户输入要查找的名字相同，如果条件满足，那么就执行第29～33行的程序。

第29行：将变量 flag 的值设为 1，表示查询到要找的人。

第30行：输出该联系人的年龄。

第31行：输出该联系人的手机号。

第32行：输出该联系人的微信号。

第33行：既然查询到要找的人，那么就不用再继续查找，调用 break 退出遍历即可。

第34行：判断 flag 的值是否为 0。

第35行：如果 flag 的值是 0，表示没有查询到要找的人。

第42行：调用 find 函数。

● 程序运行结果

```
***---通讯录---***
---1. 添加联系人---
---2. 查找联系人---
---3. 删除联系人---
---4. 查看所有人---
---5. 退出---------
请选择功能：1
请输入名字：python
请输入年龄：30
请输入手机号：13800000000
请输入微信号：py12345678
联系人添加成功！

***---通讯录---***
---1. 添加联系人---
---2. 查找联系人---
---3. 删除联系人---
---4. 查看所有人---
---5. 退出---------
请选择功能：1
请输入名字：java
请输入年龄：50
请输入手机号：13511111111
请输入微信号：j77889955
联系人添加成功！
```

图 8-8　添加两个联系人

到目前为止，已经编写完成添加联系人和查找联系人两个功能。我们可以这样测试所编写的软件，先添加两个联系人，然后再输入名字进行查找，看程序能否正确地找到联系人。

第1步 ▶ 先添加两个联系人，运行结果如图 8-8 所示，可以看到分别添加了名字为"python"和"java"的两个联系人。

第2步 ▶ 联系人添加成功后，先查找一个没有添加的联系人"jack"，程序会输出"没有找到该联系人！"；再查找成功添加的联系人"java"，程序则会从添加的联系人中进行查找，输出"java"的相关信息，如图 8-9 所示。

```
***---通讯录---***
---1.添加联系人---
---2.查找联系人---
---3.删除联系人---
---4.查看所有人---
---5.退出----------
请选择功能：2
请输入要找出的名字：jack
没有找到该联系人！

***---通讯录---***
---1.添加联系人---
---2.查找联系人---
---3.删除联系人---
---4.查看所有人---
---5.退出----------
请选择功能：2
请输入要找出的名字：java
age: 50
num: 13511111111
wechat: j77889955
```

图 8-9　查找联系人

案例 36 删除联系人

案例描述

一个完整的通迅录，不仅可以添加和查看联系人，还应该有删除联系人的功能。接下来，Eric 老师继续和大家一起完成删除联系人的功能。

案例分析

删除联系人与添加联系人的操作类似，首先需要用户输入要删除联系人的信息，然后遍历列表查找该联系人，找到以后不必输出该联系人的信息，而是直接把该联系人从列表中删除即可。

编程实现

根据案例描述和分析，完成删除联系人功能，在案例 35 所编写的程序之上新添加了字体加粗部分代码，完整程序如下所示：

```
1. people_list = []
2. def menu():
3.     print("                    ")
```

```
4.        print("***--- 通讯录 ---***")
5.        print("---1. 添加联系人 ---")
6.        print("---2. 查找联系人 ---")
7.        print("---3. 删除联系人 ---")
8.        print("---4. 查看所有人 ---")
9.        print("---5. 退出 ---------")
10.       a = input(" 请选择功能：")
11.       return int(a)
12. def add():
13.       people = {}
14.       name = input(" 请输入名字：")
15.       age = input(" 请输入年龄：")
16.       num = input(" 请输入手机号：")
17.       wechat = input(" 请输入微信号：")
18.       people["name"] = name
19.       people["age"] = age
20.       people["num"] = num
21.       people["wechat"] = wechat
22.       people_list.append(people)
23.       print(" 联系人添加成功！")
24. def find():
25.       flag = 0
26.       name = input(" 请输入要找出的名字：")
27.       for people in people_list:
28.           if(name == people["name"]):
29.               flag = 1
30.               print("age:",people["age"])
31.               print("num:",people["num"])
32.               print("wechat:",people["wechat"])
33.               break
```

```
34.        if(flag == 0):
35.            print("没有找到该联系人！")
36. def delete():
37.        flag = 0
38.        name = input("请输入要删除的名字：")
39.        for people in people_list:
40.            if(name == people["name"]):
41.                flag = 1
42.                people_list.remove(people)
43.                print("联系人删除成功！")
44.                break
45.        if(flag == 0):
46.            print("没有找到该联系人！")
47. if __name__ == '__main__':
48.        while True:
49.            a = menu()
50.            if(a == 1):
51.                add()
52.            elif(a == 2):
53.                find()
54.            elif(a == 3):
55.                delete()
56.            elif(a == 4):
57.                pass
58.            elif(a == 5):
59.                pass
```

第36行：定义 delete 函数用于删除联系人。

第 37 行：定义一个整型变量 flag，初始值为 0。

第 38 行：使用 input 函数输入要删除的联系人名字，并赋值给变量 name。

第 39 行：遍历列表 people_list。

第 40 行：在遍历中判断每个字典中 "name" 键对应的值是否与用户要删除的名字相同，如果条件满足，那么就执行第 41 ～ 44 行的程序。

第 41 行：设置变量 flag 的值为 1。

第 42 行：使用 remove 函数将联系人从列表中移除。

第 43 行：输出提示信息。

第 44 行：既然找到了要删除的人，那么就不用再继续遍历，调用 break 退出遍历即可。

第 45 行：判断变量 flag 的值是否为 0。

第 46 行：如果变量 flag 的值为 0，说明没有找到要删除的联系人，输出提示信息。

第 55 行：调用删除联系人函数 delete。

● 程序运行结果

运行程序，首先添加一个联系人并进行查找，如图 8-10 所示。然后删除这个联系人，删除之后再次查找这个联系人，如图 8-11 所示。

```
***---通讯录---***
---1.添加联系人---
---2.查找联系人---
---3.删除联系人---
---4.查看所有人---
---5.退出---------
请选择功能：1
请输入名字：Eric
请输入年龄：30
请输入手机号：13588889999
请输入微信号：12344445555
联系人添加成功！

***---通讯录---***
---1.添加联系人---
---2.查找联系人---
---3.删除联系人---
---4.查看所有人---
---5.退出---------
请选择功能：2
请输入要找出的名字：Eric
age: 30
num: 13588889999
wechat: 12344445555
```

图 8-10　添加并查找联系人

```
***---通讯录---***
---1.添加联系人---
---2.查找联系人---
---3.删除联系人---
---4.查看所有人---
---5.退出---------
请选择功能：3
请输入要删除的名字：Eric
联系人删除成功！

***---通讯录---***
---1.添加联系人---
---2.查找联系人---
---3.删除联系人---
---4.查看所有人---
---5.退出---------
请选择功能：2
请输入要找出的名字：Eric
没有找到该联系人！
```

图 8-11　删除并查找联系人

在图 8-10 中，我们先添加联系人"Eric"的信息，再输入"Eric"查找该联系人，程序输出了 Eric 的信息，说明添加联系人成功。在图 8-11 中，我们测试删除联系人功能，先删除联系人"Eric"，程序输出"联系人删除成功！"；然后再查找"Eric"，程序输出"没有找到该联系人！"，说明"Eric"已被成功删除。

案例 37 查看所有联系人

案例描述

查看所有联系人就是把所有联系人的信息都输出，这样用户就能一目了然所有的联系人。

案例分析

由于联系人信息存储在字典中，而这些字典又都是放入列表中的，所以要查看所有联系人的信息需直接遍历这个列表，然后通过键查看相应的值即可。

编程实现

根据案例分析，完成了查看所有联系人的功能，在案例 36 所编写的程序的基础上添加了字体加粗部分代码，完整的程序如下所示：

```
1.  import sys
2.  people_list = []
3.  def menu():
4.      print(" ")
5.      print("***--- 通讯录 ---***")
6.      print("---1.添加联系人 ---")
7.      print("---2.查找联系人 ---")
8.      print("---3.删除联系人 ---")
9.      print("---4.查看所有人 ---")
10.     print("---5.退出 ---------")
11.     a = input(" 请选择功能: ")
12.     return int(a)
13. def add():
```

```python
14.     people = {}
15.     name = input("请输入名字：")
16.     age = input("请输入年龄：")
17.     num = input("请输入手机号：")
18.     wechat = input("请输入微信号：")
19.     people["name"] = name
20.     people["age"] = age
21.     people["num"] = num
22.     people["wechat"] = wechat
23.     people_list.append(people)
24.     print("联系人添加成功！")
25. def find():
26.     flag = 0
27.     name = input("请输入要找出的名字：")
28.     for people in people_list:
29.         if(name == people["name"]):
30.             flag = 1
31.             print("age:",people["age"])
32.             print("num:",people["num"])
33.             print("wechat:",people["wechat"])
34.             break
35.     if(flag == 0):
36.         print("没有找到该联系人！")
37. def delete():
38.     flag = 0
39.     name = input("请输入要删除的名字：")
40.     for people in people_list:
41.         if(name == people["name"]):
42.             flag = 1
43.             people_list.remove(people)
```

```
44.              print("联系人删除成功！")
45.              break
46.      if(flag == 0):
47.          print("没有找到该联系人！")
48. def view():
49.     if(len(people_list) == 0):
50.         print("目前没有联系人，请添加！")
51.     else:
52.         print("姓名  年龄  电话号码  微信号码")
53.         for people in people_list:
54.             print(people["name"],people["age"],people["num"],
                    people["wechat"])
55. if __name__ == '__main__':
56.     while True:
57.         a = menu()
58.         if(a == 1):
59.             add()
60.         elif(a == 2):
61.             find()
62.         elif(a == 3):
63.             delete()
64.         elif(a == 4):
65.             view()
66.         elif(a == 5):
67.             sys.exit()
```

第48行：定义 view 函数。

第49行：判断列表 people_list 的长度是否为0。

第 50 行：如果列表 people_list 的长度为 0，输出提示信息。

第 51 行：如果列表 people_list 的长度不为 0，执行第 52～54 行的程序。

第 52～54 行：遍历列表 people_list，输出列表中每个字典的值，即每个联系人的信息。

第 65 行：调用 view 函数。

第 67 行：调用 exit 函数，结束程序。

● 程序运行结果

```
***---通讯录---***
---1. 添加联系人---
---2. 查找联系人---
---3. 删除联系人---
---4. 查看所有人---
---5. 退出---------
请选择功能：4
目前没有联系人，请添加！
```

图 8-12　查看所有联系人

运行程序后，我们先查看所有联系人，如图 8-12 所示。当我们还没有添加任何联系人的时候，要想直接查看所有联系人，程序会输出"目前没有联系人，请添加！"的提示信息。

然后，我们分别添加两个联系人 Emma 和 may，如图 8-13 所示。

再次查看所有联系人，如图 8-14 所示，程序输出了联系人 Emma 和 may 的信息。

```
***---通讯录---***
---1. 添加联系人---
---2. 查找联系人---
---3. 删除联系人---
---4. 查看所有人---
---5. 退出---------
请选择功能：1
请输入名字：Emma
请输入年龄：12
请输入手机号：18911112222
请输入微信号：emma123
联系人添加成功！

***---通讯录---***
---1. 添加联系人---
---2. 查找联系人---
---3. 删除联系人---
---4. 查看所有人---
---5. 退出---------
请选择功能：1
请输入名字：may
请输入年龄：11
请输入手机号：13677778989
请输入微信号：may456
联系人添加成功！
```

图 8-13　添加两个联系人

```
***---通讯录---***
---1. 添加联系人---
---2. 查找联系人---
---3. 删除联系人---
---4. 查看所有人---
---5. 退出---------
请选择功能：4
姓名 年龄 电话号码 微信号码
Emma 12 18911112222 emma123
may 11 13677778989 may456
```

图 8-14　查看所有联系人信息

编程过关挑战 —— 使用文件保存联系人信息

难易程度 ★ ★ ★ ☆ ☆   过关时间 大约30分钟

挑战介绍

在前面的程序中，采用列表保存联系人信息。Eric 老师讲过当程序运行的时候，列表存在于计算机的缓存中，等程序运行结束，计算机缓存会被操作系统清除，列表也随之消失。所以我们应把联系人的信息存放在文件中，以实现联系人信息的长久保存。

思路分析

使用文件存放联系人信息，程序运行时从文件中读取已有的联系人信息，每次添加和删除联系人时，应该把改变后的联系人信息写入文件中，始终保持文件与软件中的联系人信息同步。

编程实现

新添加的程序为字体加粗部分，完整程序如下所示：

```
1.  import sys
2.  people_list = []
3.  def menu():
4.      print(" ")
5.      print("***--- 通信录 ---***")
6.      print("---1. 添加联系人 ---")
7.      print("---2. 查找联系人 ---")
8.      print("---3. 删除联系人 ---")
9.      print("---4. 查看所有人 ---")
10.     print("---5. 退出 ---------")
11.     a = input(" 请选择功能: ")
12.     return int(a)
```

```
13. def add():
14.     people = {}
15.     name = input("请输入名字：")
16.     age = input("请输入年龄：")
17.     num = input("请输入手机号：")
18.     wechat = input("请输入微信号：")
19.     people["name"] = name
20.     people["age"] = age
21.     people["num"] = num
22.     people["wechat"] = wechat
23.     people_list.append(people)
24.     with open("通信录.txt","w") as f:
25.         f.write(str(people_list))
26.     print("联系人添加成功！")
27. def find():
28.     flag = 0
29.     name = input("请输入要找出的名字：")
30.     for people in people_list:
31.         if(name == people["name"]):
32.             flag = 1
33.             print("age:",people["age"])
34.             print("num:",people["num"])
35.             print("wechat:",people["wechat"])
36.             break
37.     if(flag == 0):
38.         print("没有找到该联系人！")
39. def delete():
40.     flag = 0
41.     name = input("请输入要删除的名字：")
42.     for people in people_list:
```

```
43.        if(name == people["name"]):
44.            flag = 1
45.            people_list.remove(people)
46.            with open("通信录.txt","w") as f:
47.                f.write(str(people_list))
48.            print("联系人删除成功！")
49.            break
50.    if(flag == 0):
51.        print("没有找到该联系人！")
52. def view():
53.    if(len(people_list) == 0):
54.        print("目前没有联系人，请添加！")
55.    else:
56.        print("姓名 年龄 电话号码 微信号码")
57.        for people in people_list:
58.            print(people["name"],people["age"],people["num"],
                  people["wechat"])
59. if __name__ == '__main__':
60.    with open("通信录.txt","a+") as f:
61.        f.seek(0,0)
62.        s = f.read()
63.        if(s != ""):
64.            people_list = eval(s)
65.    while True:
66.        a = menu()
67.        if(a == 1):
68.            add()
69.        elif(a == 2):
70.            find()
71.        elif(a == 3):
```

```
72.            delete()
73.        elif(a == 4):
74.            view()
75.        elif(a == 5):
76.            sys.exit()
```

·关键代码行含义·

在案例37的基础上添加从文件中读取数据与把数据写入文件的程序。

①当列表内容改变，如添加联系人、删除联系人，那么再以"w"模式打开文件，把改变后列表的数据全部写入文件，覆盖文件原有内容，始终保持文件数据与列表数据一致。

第24、25行：每次添加联系人后，以"w"模式打开文件，把改变后列表的数据全部写入文件。

第46、47行：每次删除联系人后，以"w"模式打开文件，把改变后列表的数据全部写入文件。

②按照程序的执行顺序看，我们添加第60～64行的程序。每次启动程序后，首先以"a+"模式打开文件，并从文件中读取内容到列表中，然后关闭文件。

第60行：使用with…as…语句打开文件，文件会自动关闭，非常方便实用。使用"a+"模式，如果该文件已存在，文件打开时会是追加模式；如果该文件不存在，创建新文件用于读写。

第61行：调用seek语句把文件读写指针移动到文件开始位置，因为以"a+"模式打开文件，默认文件读写指针是在文件末尾，那么这时读取不到任何内容。

第62行：读取文件，并把内容赋值给变量s。

第63、64行：如果变量s不为空，调用eval函数把转化后的结果赋值给列表people_list。

编写完成上面的程序后，就可以按照下面的步骤运行程序了。

第1步　在运行程序之前，查看程序所在目录的所有文件，如图8-15所示，只有一个通讯录程序的源文件"通讯录.py"。

第2步　运行程序，再次查看程序所在目录的所有文件，如图8-16所示，多了名为"通讯录.txt"的文件，这个文件就是程序创建的用于存放联系人信息的文件。

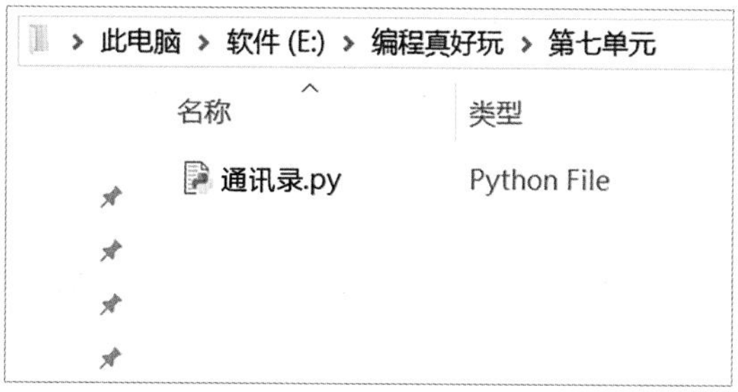

图 8-15　程序启动前

图 8-16　程序启动后

第3步 如图 8-17 所示，添加一个联系人，然后结束程序。

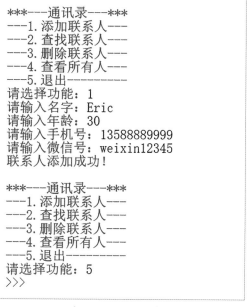

```
***---通讯录---***
---1.添加联系人---
---2.查找联系人---
---3.删除联系人---
---4.查看所有人---
---5.退出----------
请选择功能：1
请输入名字：Eric
请输入年龄：30
请输入手机号：13588889999
请输入微信号：weixin12345
联系人添加成功！

***---通讯录---***
---1.添加联系人---
---2.查找联系人---
---3.删除联系人---
---4.查看所有人---
---5.退出----------
请选择功能：5
>>>
```

图 8-17　添加联系人

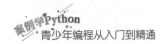

第4步 退出程序后，打开"通信录.txt"文件，可以看到刚刚添加的联系人信息已经存放在"通讯录.txt"文件中，如图 8-18 所示。

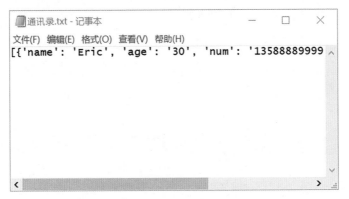

图 8-18　打开"通讯录.txt"文件

第5步 再次运行程序，查看所有联系人，看到第 3 步添加的联系人信息被正确读取，如图 8-19 所示。

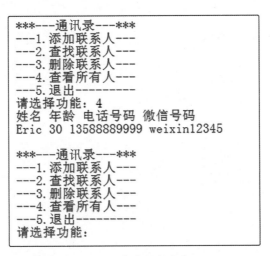

图 8-19　查看所有联系人

至此，通讯录软件的编程开发已经完成。如果大家有兴趣，还可以继续为该软件添加更多的功能。比如，我们可以通过在单元 7 学习的 tkinter 模块给通讯录软件编写一个图形化的界面，这样更方便用户使用。

Eric 老师温馨提示

　　在编程挑战程序中的第 12 行，直接使用 int 函数把字符串转化为整数。如果第 11 行中用户输入的数据 a 不全为数字，如 "ab2c" 这样带字母的字符串，那么使用 int 函数时程序就会报错停止，用户体验非常不好。因此，我们可以在使用 int 函数转化之前判断用户输入的变量 a 是否为全数字的字符串。那么怎么判断呢？可以使用 isdigit 函数，如果字符串元素全为数字，返回 True，否则返回 False。大家可以自行添加这个判断到通讯录软件中。

单元小结

　　在本单元中，首先，我们学习了如何使用 Python 编程操作文件。文件的操作主要包括：创建文件，读取文件内容，向文件中写入内容。写文件分为覆盖与追加两种模式，文件常用模式可参考第 8.4 节中的文件常用模式汇总表，通过文件的使用，可以实现数据的长久保存。然后，我们完成了通讯录软件的编程开发，实现了联系人的添加、查找和删除等功能。

Python网络通信

—— 聊天软件开发

说到聊天软件，Eric 老师先简单地讲一讲它的发展历史。最开始社交聊天软件只能发送文字信息，功能比较单一；后来又增加了发送图片功能，两个好友之间可以发些表情包；到现在，这些社交聊天软件的功能已经非常强大了，不光可以发送视频，还能直接语音和视频通话，缩短了人与人之间的社交距离。可见，科学技术给我们的生活带来了很大的改变，因此大家现在开始认认真真地和 Eric 老师一起学习编程知识，在未来也许就可以实现"改变世界"的梦想。

在本单元中，Eric 老师会先给大家介绍 PyCharm 编程软件的使用方法。PyCharm 相对于 IDLE 功能更加强大，IDLE 只适合代码量较小的软件开发，不适合代码量较大的软件开发。因此，从本单元开始，我们将使用 PyCharm 编写程序，然后学习计算机网络通信的基本知识，最后 Eric 老师将和大家一起使用 Python 语言编写一个局域网通信软件。

9.1 PyCharm 软件的使用

下面 Eric 老师将为大家介绍一款功能强大的 Python 开发软件——PyCharm 的使用方法。安装 PyCharm 软件的方法，请参考本书附录 B。

第1步 在启动栏找到 PyCharm 软件，单击即可启动该软件，或者在桌面找到该软件图标并双击，即可弹出软件启动界面（见图 9-1），单击"Create New Project"按钮，创建一个新的工程，如图 9-2 所示。

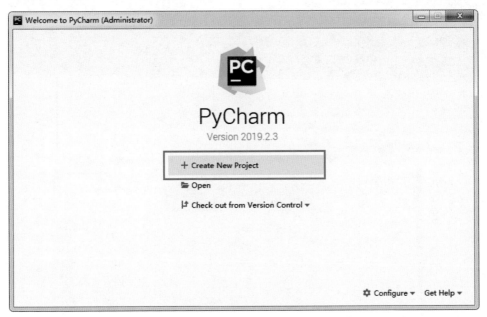

图 9-1　PyCharm 启动界面

第2步 在图 9-2 左上方的文本框中选择工程存储位置，并填写工程名称，然后单击"Create"按钮即可完成工程的创建。

第3步 将鼠标移至左边工程管理栏，放置工程名上并右击，在弹出的快捷菜单中选择"New"→"Python File"命令，如图 9-3 所示，即可创建 Python 源文件。

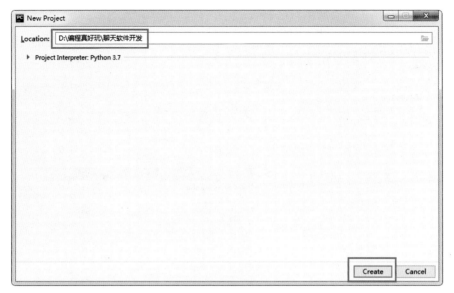

图 9-2 创建工程

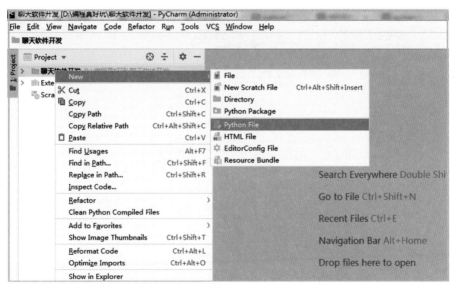

图 9-3 创建 Python 源文件

第4步 完成第3步后，即可弹出创建源文件的窗口，我们需要给这个 Python 源文件取名字，Eric 老师在此输入 server，如图 9-4 所示。

第5步 输入文件名后按"Enter"键，Python 源文件即可创建成功，右侧方框区域就是程序编辑区，如图 9-5 所示。

至此，PyCharm 软件的使用介绍完毕。

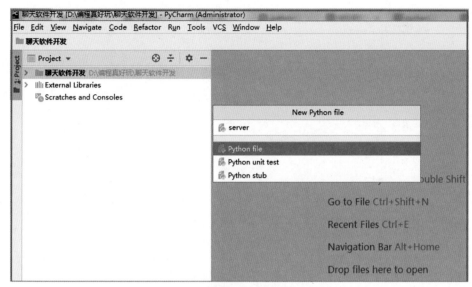

图 9-4　设置 Python 文件的名字

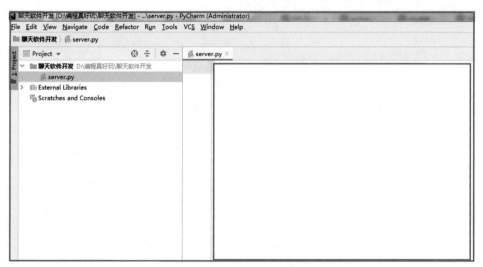

图 9-5　Pycharm 程序编辑区

9.2 网络通信基础知识

　　网络是用物理链路将各个孤立的工作站或主机相连在一起，组成数据链路，从而达到资源共享和通信的目的。通信是人与人之间通过某种媒体进行的信息交流与传递。

网络通信是通过网络将各个孤立的设备进行连接，通过信息交换实现人与人、人与计算机、计算机与计算机之间的通信。

在本节中，我们将要开发一个局域网通信软件。该软件包括两个部分，一个为服务器，一个为客户端。分别运行在局域网下面的两台电脑上，如图9-6所示，A电脑运行服务器软件，B电脑运行客户端软件。

图 9-6　简单网络通信示意图

9.2.1　服务器与客户端

大家以前可能听过"服务器"这个词，如腾讯服务器、阿里服务器、百度服务器等，服务器是什么呢？我们知道腾讯网站给大家提供很多的信息，如新闻、图片、视频、音乐等，那么这些信息都存储在什么地方呢？其实这些信息就存储在腾讯的服务器上。服务器可以理解为一台或者多台计算机，如图9-7所示。

图 9-7　服务器

在浏览器中输入腾讯新闻的网址，即可进入腾讯新闻网站，可以看到腾讯服务器为我们提供的各种新闻。这时，浏览器就是客户端，腾讯服务器就是服务器，服务器负责为客户端提供服务。

9.2.2　IP 地址

IP 地址（Internet Protocol Address）是指互联网协议地址，又译为网际协议地址。

IP 地址是 IP 协议提供的一种统一的地址格式，它为互联网上的每个网络和每台主机分配一个逻辑地址，以此来屏蔽物理地址的差异。

9.2.3　IP 地址分类

IP 地址是一个 32 位的二进制数，通常被分割为 4 组"8 位二进制数"（即 4 个字节）。IP 地址通常用"点分十进制"的形式来表示，如 a.b.c.d，其中，a、b、c、d 都是 0 ～ 255 之间的十进制整数。IP 地址包括两个标识码（ID），即网络 ID 和主机 ID。IP 地址根据编址方式可分为 A、B、C、D、E 五类。IP 地址中的网络号字段和主机号字段如图 9-8 所示。

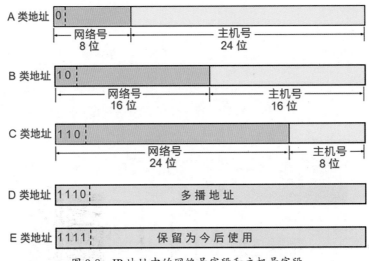

图 9-8　IP 地址中的网络号字段和主机号字段

A 类：IP 地址范围为 1.0.0.0 ～ 127.255.255.255（默认子网掩码：255.0.0.0 或 0xFF000000），第一个字节为网络号，后 3 个字节为主机号。该类 IP 地址最前面的二进制数为"0"，所以网络号的取值范围为 1 ～ 126。A 类一般用于大型网络。

B 类：IP 地址范围为 128.0.0.0 ～ 191.255.255.255（默认子网掩码：255.255.0.0 或 0xFFFF0000），前两个字节为网络号，后两个字节为主机号。该类 IP 地址最前面的两个二进制数为"10"，所以网络号的取值范围为 129 ～ 191。B 类一般用于中等规模网络。

C 类：IP 地址范围为 192.0.0.0 ～ 223.255.255.255（子网掩码：255.255.255.0 或 0xFFFFFF00），前 3 个字节为网络号，最后一个字节为主机号。该类 IP 地址最前面的 3 个二进制数为"110"，所以网络号的取值范围为 192 ～ 223。C 类一般用于小型网络。

D类：是多播地址。该类IP地址的最前面为"1110"，所以该类地址网络号的取值范围为224~239。该类IP地址一般用于多路广播用户。

E类：是保留地址。该类IP地址的最前面为"1111"，所以该类地址网络号的取值范围为240～255。

在IP地址中，A、B、C类为主要类型，其各保留了3个区域作为私有地址，其地址范围如下。

A类地址：10.0.0.0～10.255.255.255。

B类地址：172.16.0.0～172.31.255.255。

C类地址：192.168.0.0～192.168.255.255。

回送地址（127.×.×.×）是本机回送地址，等效于localhost或本机IP，一般用于测试使用。例如，在命令行中输入ping 127.0.0.1来测试本机TCP/IP协议是否能够正常工作。

9.2.4　查询本机IP地址

查看本机IP地址的方法如下。

第1步 在电脑的左下方单击"开始"按钮，在搜索栏中输入"cmd"，按"Enter"键进入到命令行。

第2步 在命令行中输入"ipconfig"命令，并按"Enter"键，即可看到本机网络相关信息，如图9-9所示。

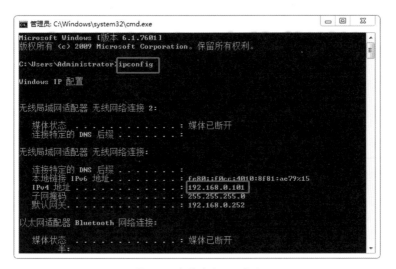

图9-9　查询本机IP地址

如图 9-9 所示，可以看到 Eric 老师的电脑当前的 IP 地址为 "192.168.0.101"，再结合第 9.2.3 节中 IP 地址分类知识，知道这个 IP 地址属于 C 类地址。

9.2.5 端口号

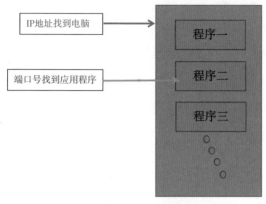

图 9-10　IP 地址与端口号关系示意图

所谓端口，就像门牌号一样，客户端可以通过 IP 地址找到对应的服务器端，但是服务器端是有很多端口的，每个应用程序对应一个端口号，通过类似门牌号的端口号，客户端才能真正访问到该服务器。为了对端口进行区分，将每个端口进行了编号，这就是端口号。IP 地址与端口号的关系如图 9-10 所示。

案例 38　创建简单的服务器

在编写网络程序之前，我们先认识一个新的模块——socket。socket 是专门用于网络编程的一个模块，它提供了很多网络编程的函数，包括服务器与客户端的编程相关函数。

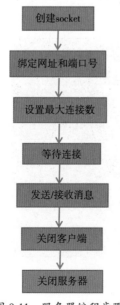

图 9-11　服务器编程步骤

案例描述

在 9.2.1 节中，我们学习了服务器，那么怎么使用 Python 编写一个服务器程序呢？

案例分析

要编写服务器程序，必须先了解服务器程序的编写流程，如图 9-11 所示。

编程实现

根据图 9-11 所示的编程步骤，编写出服务器的程序如下所示：

```
1.  #coding="utf-8"
2.  from socket import *
3.  HOST = 'localhost'
4.  PORT = 9999
5.  ADDR = (HOST,PORT)
6.  tcpSerSock = socket(AF_INET,SOCK_STREAM)
7.  tcpSerSock.bind(ADDR)
8.  tcpSerSock.listen(5)
9.  print(" 等待客户端连接中 ......")
10. tcpCliSock,addr = tcpSerSock.accept()
11. print(" 收到客户端连接 :",addr)
12. tcpCliSock.send("hello".encode())
13. tcpCliSock.close()
14. tcpSerSock.close()
```

第1行：把文件编码类型改为 utf-8。

第2行：导入 socket 模块。

第3行：设置一个字符串变量 HOST，值为"localhost"，表示本机地址，也可以直接填写本机 IP 地址。

第4行：创建整型变量 PORT，存放服务器程序的端口号，值设为 9999。

第5行：创建一个元组 ADDR，把 HOST 和 PORT 封装起来。

第6行：创建一个 socket 对象，调用 socket 时传入的 socket 地址族参数 socket.AF_INET 表示因特网 IPv4 地址族，SOCK_STREAM 表示使用 TCP 的 socket 类型，协议将被用来在网络中传输信息。

第7行：绑定 socket 到指定的 IP 地址和端口号。

第8行：设置服务器的最大连接数。

第9行：输出提示信息。

第10行：调用 accept 方法，程序会阻塞等待客户端的连接，当一个客户端连接时，返回

socket 对象 tcpCliSock 与客户端的网络信息 addr。

第 11 行：输出客户端的网络信息，包含 IP 地址和端口号。

第 12 行：向客户端发送一个字符串信息。

第 13 行：关闭与客户端的连接。

第 14 行：关闭服务器。

● **程序运行结果**

编写完成服务器程序，我们并不能马上运行测试，必须再创建一个客户端，才能正常地运行测试。

案例39 创建简单客户端

案例描述

在案例 38 中，我们完成了服务器的编程，接下来 Eric 老师将和大家一起学习客户端的编程。

案例分析

在编写客户端程序之前，必须要先知道客户端的编程步骤，如图 9-12 所示。

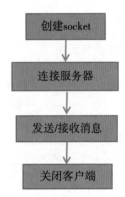

图 9-12　客户端编程步骤

编程实现

根据如图 9-12 所示的客户端编程步骤，编写出客户端的程序如下所示：

```
1.  #coding="utf-8"
2.  from socket import *
3.  s = socket(AF_INET,SOCK_STREAM)
4.  host = 'localhost'
5.  port = 9999
6.  s.connect((host, port))
7.  r = s.recv(4096)
8.  print("收到服务器的信息 :", r.decode())
9.  s.close()
```

程序详解

第1行：把文件编码类型改为 utf-8。

第2行：导入 socket 模块。

第3行：创建一个 socket 对象。

第4行：创建一个字符串变量 host，存放要连接的服务器的 IP 地址。因为服务器与客户端程序运行在同一台电脑中，因此值为"localhost"，也可以直接填写本机 IP 地址。

第5行：创建一个整型变量 port，存放要连接的服务器的端口号。因为服务器程序的端口号为 9999，因此这里的端口号也必须为 9999。

第6行：使用 connect 函数连接服务器，以元组的方式传入服务器的 IP 地址和端口号。

第7行：调用 recv 函数，接收服务器发送的数据，赋值给变量 r。

第8行：输出接收到的数据 r。

第9行：关闭与服务器的连接。

● **程序运行结果**

通过上面的两个案例，完成服务器和客户端编程后就可以运行程序了，步骤如下。

第1步 先运行服务器程序，可以看到程序输出如图 9-13 所示的信息，服务器已经运行起来，正在等待客户端的连接。

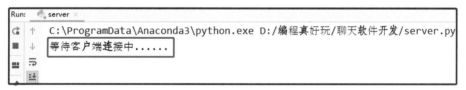

图 9-13　服务器启动

第2步 运行客户端程序，可以看到客户端连接服务器后，收到了服务器发送的字符串"hello"，随即客户端程序结束，如图 9-14 所示。

```
Run:    server ×    client (1) ×
   C:\ProgramData\Anaconda3\python.exe D:/编程真好玩/第十一单元/聊天软件开发/client.py
   收到服务器的信息：hello

   Process finished with exit code 0
```

图 9-14　客户端启动

第3步 再观察服务器的运行结果，如图 9-15 所示，可以看到服务器收到客户端的连接，并且输出客户端的 IP 地址和端口号，然后服务器程序结束。

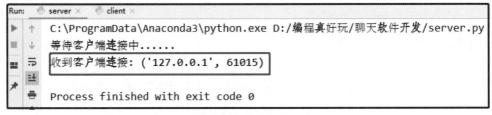

图 9-15　服务器输出客户端的地址信息

上面 Eric 老师给大家介绍了服务器和客户端程序的编程步骤和相关程序源码，并运行程序完成了一次数据发送与接收。掌握了基本的网络通信，接下来我们再一步一步"添砖加瓦"，不断完善聊天软件。

案例40 一对一的网络通信

案例描述

在上面的网络通信案例中，我们完成了单纯的服务器发送消息和客户端接收消息的功能，功能非常简单。接下来 Eric 老师将和大家一起完成服务器与客户端相互收发信息的程序。两者之间的通信顺序如图 9-16 所示。

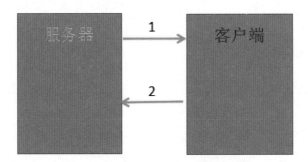

图 9-16　服务器与客户端通信示意图

案例分析

当客户端连接上服务器后，首先由服务器发送消息，客户端收到消息后再给服务器发送消息，这样就可以完成服务器与客户端之间的通信。

编程实现（1）

对服务器编写的程序如下所示：

```
1.  #coding="utf-8"
2.  from socket import *
3.  HOST = '192.169.0.167'
4.  PORT = 9999
5.  ADDR = (HOST,PORT)
6.  tcpSerSock = socket(AF_INET,SOCK_STREAM)
7.  tcpSerSock.bind(ADDR)
8.  tcpSerSock.listen(5)
9.  print("等待客户端连接中......")
10. tcpCliSock,addr = tcpSerSock.accept()
11. print("收到客户端连接:",addr)
12. while True:
13.     s = input("请输入消息: ")
14.     tcpCliSock.send(s.encode())
15.     if (s == "exit"):
16.         tcpCliSock.close()
17.         tcpSerSock.close()
18.         break
19.     r = tcpCliSock.recv(1024)
20.     print("收到来自客户端的消息: ",r.decode())
21.     if(r.decode() == "exit"):
22.         tcpCliSock.close()
23.         tcpSerSock.close()
24.         break
```

程序详解（1）

第1行：把文件编码类型改为 utf-8。

第2行：导入 socket 模块。

第3行：设置一个字符串变量 HOST，值为"192.169.0.167"，即本机 IP 地址（注意：这个 IP 地址是 Eric 老师的电脑的，大家编程时应该填写自己的 IP 地址）。

第4行：创建整型变量 PORT，存放服务器程序的端口号，值设为 9999。

第5行：创建一个元组 ADDR，用元组把 HOST 和 PORT 封装起来。

第6行：创建一个 socket 对象，调用 socket 时传入的 socket 地址族参数 AF_INET 表示因特网 IPv4 地址族，SOCK_STREAM 表示使用 TCP 的 socket 类型，协议将被用来在网络中传输信息。

第7行：绑定 socket 到指定的 IP 地址和端口号。

第8行：设置服务器的最大连接数。

第9行：输出提示信息。

第10行：调用 accept 方法，程序会阻塞等待客户端的连接，当一个客户端连接时，返回 socket 对象 tcpCliSock 与客户端的网络信息 addr。

第11行：输出客户端的网络信息，包含 IP 地址和端口号。

第12行：进入无限循环。

第13行：调用 input 函数获取用户输入并赋值给变量 s，该函数会阻塞，直到用户输入完成。

第14行：调用 send 函数，向客户端发送消息 s。

第15～18行：如果用户输入消息为"exit"，则关闭客户端与服务器，退出无限循环。

第19行：调用 recv 函数，接收来自客户端的消息，并赋值给变量 r；调用 recv 函数时程序会阻塞。

第20行：输出接收到的消息 r。

第21～24行：如果客户端的消息为字符串"exit"，则关闭客户端与服务器，退出无限循环。

Eric 老师温馨提示

在第3行及以后服务器和客户端编程时，一定要使用本机（运行这个程序的计算机）的 IP 地址。大家编程时一定要根据9.2.4节的方法查询本机 IP 地址，而不是照写本书的 IP 地址。

编程实现（2）

对客户端编写的程序如下所示：

```
1.  #coding="utf-8"
2.  from socket import *
3.  service = socket(AF_INET,SOCK_STREAM)
4.  host = '192.169.0.167'
5.  port = 9999
6.  service.connect((host, port))
7.  while True:
8.      r = service.recv(1024)
9.      print(" 收到来自服务器的消息: ",r.decode())
10.     if (r.decode() == "exit"):
11.         service.close()
12.         break
13.     s = input(" 请输入消息: ")
14.     service.send(s.encode())
15.     if (s == "exit"):
16.         service.close()
17.         break
```

第1行：把文件编码类型改为utf-8。

第2行：导入socket模块。

第3行：创建一个socket对象。

第4行：创建一个字符串变量host，存放要连接的服务器的IP地址"192.169.0.167"（注意这个IP地址是Eric老师自己的电脑的，大家编程时应该填写自己的IP地址）。

第5行：创建一个整型变量port，存放要连接的服务器的端口号9999。

第6行：使用connect函数连接服务器，以元组的方式传入服务器的IP地址和端口号。

第7行：进入无限循环。

第8行：调用recv函数，接收服务器发送的数据，赋值给变量r。

第9行：输出接收到的数据r。

第10～12行：如果接收到的消息为字符串"exit"，则关闭客户端的连接，退出无限循环。

第13行：调用input函数获取用户输入并赋值给变量s，该函数会阻塞，直到用户输入完成。

第14行：调用send函数，向服务器发送信息s。

第15～17行：如果用户输入消息为字符串"exit"，则关闭客户端的连接，退出无限循环。

● 程序运行结果

运行程序，步骤如下。

第1步 运行服务器程序，如图9-17所示。

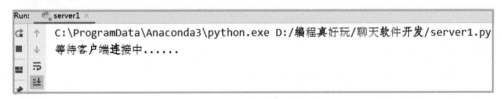

图9-17　服务器已经启动

第2步 运行客户端程序启动客户端，可以看到服务器收到客户端的连接，并输出了客户端的地址和端口，如图9-18所示。

第3步 服务器给客户端发送信息"你好，我是服务器！"，可以看到客户端收到来自服务器的消息，如图9-19所示。

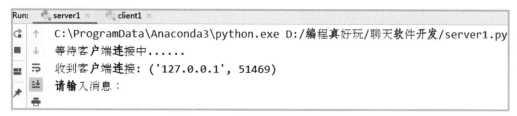

图9-18　服务器收到客户端的连接

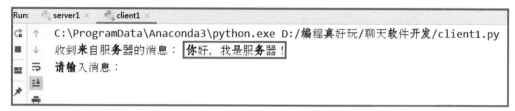

图9-19　服务器发送消息

第4步 客户端收到服务器发送的消息后，给服务器也发送一条消息"你好，我是客户端！"，如图9-20所示。

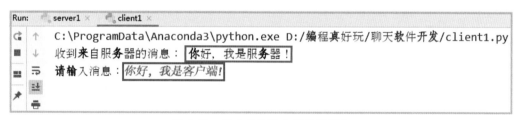

图9-20　客户端给服务器发送消息

执行上述步骤之后，服务器收到来自客户端的消息，如图9-21所示。

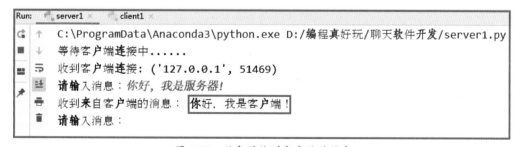

图9-21　服务器收到客户端的信息

通过以上4个步骤，完成了服务器与客户端之间的通信测试，服务器与客户端之间是可以正常地发送与接收消息的。

Eric 老师温馨提示

　　大家可能发现上面的软件存在这样的问题：服务器和客户端必须按照"服务器先发送消息，客户端接收信息，然后客户端发送消息，服务器接收信息"这样的流程进行通信，不能随意地给对方发送信息，非常不方便。那么这是什么原因造成的呢？这主要是因为调用 input 和 recv 函数会造成整个程序的阻塞。怎么解决程序的阻塞问题呢？可以使用多线程的编程方式，给阻塞函数创建一个线程单独处理，这样就不会对整个程序造成阻塞。

9.3 程序中的"服务员"——线程

　　在案例 40 中，我们遇到了函数阻塞问题，并且知道多线程可以解决程序阻塞问题，那么什么是多线程呢？怎么进行多线程编程呢？这都是本节将要学习到的内容。

9.3.1 线程介绍

　　线程是操作系统能够进行运算调度的最小单位，是进程中的实际运作单位。这样的定义很抽象，下面 Eric 老师给大家举个例子说明：线程就相当于餐厅的服务员，多线程就相当于多个服务员。

　　如果一家餐厅只有一个服务员，同时进入 A、B 两个客人，假如服务员先为 A 点餐服务，客人 B 就会等待服务员；如果 B 比较着急或者等待时间太长，他体验就会不好，有可能再也不会光顾这家餐厅。如果这家餐厅有多个服务员，进来一个客人就能够马上为其提供点餐服务，那么客人体验会比较好。

　　在案例 40 的程序中，因为两个"客人"（即"input 函数"与"recv 函数"）同时需要服务，而程序中只有一个"服务员"提供服务，而同一时间要么接收消息，要么发送消息。所以我们可以在程序中安排两个"服务员"，一个专门处理接收信息服务，一个专门处理发送消息服务。

9.3.2 多个"服务员"——多线程编程

　　在此我们学习一个新模块——_thread，它为我们提供了多线程编程需要用到的相关函数。接下来，Eric 老师通过对两段程序的对比让大家直观地看到一个"服务员"与两个"服务员"的区别。

示例 1：只有一个"服务员"，即没有使用多线程的程序，程序如下所示。

```python
1.  import _thread
2.  import time
3.  def fun():
4.      print("1")
5.      time.sleep(1)
6.  while True:
7.      fun()
```

第 1 行：导入 _thread 模块。

第 2 行：导入 time 模块。

第 3 ~ 5 行：定义 fun 函数，功能是输出字符串"1"，然后等待一秒。

第 4 行：输出字符串"1"。

第 5 行：调用 time 模块中的 sleep 函数，等待一秒。

第 6 行：进入无限循环。

第 7 行：在无限循环中调用 fun 函数。

● **程序运行结果**

程序运行结果如图 9-22 所示。可以看出每隔一秒程序就输出一行"1"，相当于一个"服务员"一秒"服务"一次。

图 9-22　程序运行结果

示例 2：使用多线程编写的程序就像有两个"服务员"，程序如下所示。

```
1.  import _thread
2.  import time
3.  def fun1():
4.      while True:
5.          print("1")
6.          time.sleep(1)
7.  def fun2():
8.      while True:
9.          print("2")
10.         time.sleep(1)
11. _thread.start_new_thread(fun1,())
12. _thread.start_new_thread(fun2,())
13. while True:
14.     pass
```

第 1 行：导入 _thread 模块。

第 2 行：导入 time 模块。

第 3 ~ 6 行：定义 fun1 函数，功能是无限循环地每隔一秒输出一个字符串"1"。

第 5 行：输出字符串"1"。

第 6 行：调用 time 模块中的 sleep 函数，等待一秒。

第 7 ~ 10 行：定义 fun2 函数，功能是无限循环地隔一秒输出字符串"2"。

第 11 行：开启一个新的子线程，并把 fun1 函数传入。

第 12 行：开启一个新的子线程，并把 fun2 函数传入。

第 13、14 行：主线程进入无限循环中，在循环中只有一个 pass 语句，什么也不做。

● 程序运行结果

程序运行结果如图 9-23 所示，可以看出每隔一秒，一个"服务员"输出一行"1"，另一个"服务员"输出一行"2"，相当于两个"服务员"一秒服务两次。就这样我们成功开启了两个线程，两个线程各自工作。

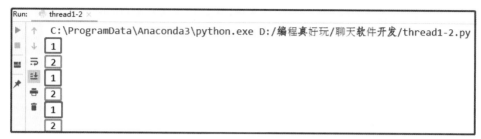

图 9-23　多线程运行结果

案例 41 加入多线程的聊天软件

案例描述

通过多线程的编程方式，来解决 input 与 recv 函数阻塞的问题，以及实现服务器或者客户端"想发就发"的功能。

案例分析

可以在程序中开启两个线程，一个负责处理 input 函数 ，一个负责处理 recv 函数，这样我们的程序能够实现"想发就发"的功能。

编程实现（1）

对服务器进行编程，完整的程序如下所示：

```
1.  #coding="utf-8"
2.  from socket import *
3.  import _thread
4.  HOST = '192.169.0.167'
5.  PORT = 9999
6.  ADDR = (HOST,PORT)
7.  tcpSerSock = socket(AF_INET,SOCK_STREAM)
8.  tcpSerSock.bind(ADDR)
```

```
9.  tcpSerSock.listen(5)
10. print(" 等待客户端连接中 ......")
11. tcpCliSock,addr = tcpSerSock.accept()
12. print(" 收到客户端连接 :",addr)
13. exit_flag = 0
14. def send_data():
15.     global exit_flag
16.     while True:
17.         s = input(" 请输入消息 : \n")
18.         tcpCliSock.send(s.encode())
19.         if (s == "exit"):
20.             exit_flag = 1
21.             break
22. def recv_data():
23.     global exit_flag
24.     while True:
25.         r = tcpCliSock.recv(1024)
26.         print(" 收到来自客户端的消息 : \n", r.decode())
27.         if (r.decode() == "exit"):
28.             exit_flag = 1
29.             break
30. _thread.start_new_thread(send_data,())
31. _thread.start_new_thread(recv_data,())
32. while True:
33.     if (exit_flag == 1):
34.         tcpCliSock.close()
35.         tcpSerSock.close()
36.         break
```

第 1 ~ 12 行：同案例 40 中服务器程序。

第 13 行：定义一个变量 exit_flag。

第 14 ~ 21 行：定义 send_data 函数，处理发送数据。

第 15 行：使用 global 关键字表示 exit_flag 为全局变量，与第 13 行为同一个变量。

第 16 行：进入无限循环。

第 17 行：获取用户输入，并把输入内容赋值给变量 s。

第 18 行：调用 send 函数发送变量 s。

第 19 行：判断用户输入是否是字符串 "exit"。

第 20 行：如果满足第 19 行条件，那么设置变量 exit_flag 为 1。

第 21 行：调用 break 退出无限循环。

第 22 ~ 29 行：定义 recv_data 函数，处理接收数据。

第 23 行：使用 global 关键字表示 exit_flag 为全局变量，与第 13 行为同一个变量。

第 24 行：进入无限循环。

第 25 行：接收来自客户端的消息，并赋值给变量 r。

第 26 行：输出接收到的信息。

第 27 行：判断用户输入是否是字符串 "exit"。

第 28 行：如果满足第 27 行条件，那么设置变量 exit_flag 为 1。

第 29 行：调用 break 退出无限循环。

第 30、31 行：开启两个子线程，分别处理发送与接收信息。

第 32 ~ 36 行：主线程进入无限循环。

第 33 行：判断 exit_flag 的值是否为 1。

第 34 行：关闭客户端套接字。

第 35 行：关闭服务器套接字。

第 36 行：调用 break，退出无限循环，程序结束。

编程实现（2）

对客户端进行编程，完整的程序如下所示：

```python
1.  #coding="utf-8"
2.  from socket import *
3.  import _thread
4.  service = socket(AF_INET,SOCK_STREAM)
5.  host = '192.169.0.167'
6.  port = 9999
7.  service.connect((host, port))
8.  exit_flag = 0
9.  def send_data():
10.     global exit_flag
11.     while True:
12.         s = input(" 请输入消息：\n")
13.         service.send(s.encode())
14.         if (s == "exit"):
15.             exit_flag = 1
16.             break
17. def recv_data():
18.     global exit_flag
19.     while True:
20.         r = service.recv(1024)
21.         print(" 收到来自服务器的消息：\n", r.decode())
22.         if (r.decode() == "exit"):
23.             exit_flag = 1
24.             break
25. _thread.start_new_thread(send_data,())
26. _thread.start_new_thread(recv_data,())
27. while True:
28.     if(exit_flag == 1):
29.         service.close()
30.         break
```

程序详解（2）

第1 ~ 7行：同案例40中的客户端程序。

第8行：定义一个变量exit_flag。

第9 ~ 16行：定义send_data函数，处理发送数据。

第10行：使用global关键字表示exit_flag为全局变量，与第8行为同一个变量。

第11行：进入无限循环。

第12行：获取用户输入，并把输入内容赋值给变量s。

第13行：调用send函数发送变量s。

第14行：判断用户输入是否是"exit"。

第15行：如果满足第14行条件，那么设置变量exit_flag为1。

第16行：调用break退出无限循环。

第17 ~ 24行：定义recv_data函数，处理接收数据。

第18行：使用global关键字表示exit_flag为全局变量，与第8行为同一个变量。

第19行：进入无限循环。

第20行：接收来自服务器的消息，并赋值给变量r。

第21行：输出接收到的信息。

第22行：判断用户输入是否是"exit"。

第23行：如果满足第22行条件，那么设置变量exit_flag为1。

第24行：调用break退出无限循环。

第25、26行：开启两个子线程，分别处理发送与接收消息。

第27 ~ 30行：主线程进入无限循环。

第28行：判断exit_flag的值是否为1。

第29行：关闭套接字。

第30行：调用break，退出无限循环，程序结束。

● 程序运行结果

编写完成服务器与客户端程序后，就可以运行程序了，步骤如下。

第1步 ◎ 运行服务器程序，运行结果如图9-24所示。

图 9-24 服务器程序启动

第2步 运行客户端程序，运行结果如图 9-25 所示，表示连接服务器成功。

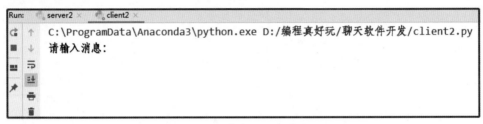

图 9-25 客户端程序启动

这时服务器收到来自客户端的连接，输出客户端的 IP 地址和端口信息，如图 9-26 所示。

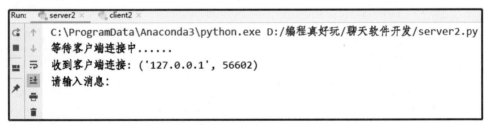

图 9-26 服务器收到连接

第3步 从图 9-25 和图 9-26 中可以看出，不管是客户端还是服务器都输出了"请输入消息："的提示输入字符串，表示这两个程序都可以接收输入消息，并发送消息。那么，我们可以先让客户端发送消息，如图 9-27 所示。

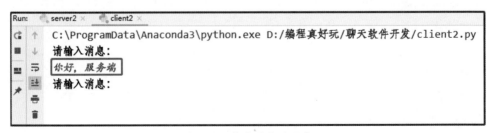

图 9-27 客户端发送信息

服务器收到消息后，输出该消息内容，如图 9-28 所示。

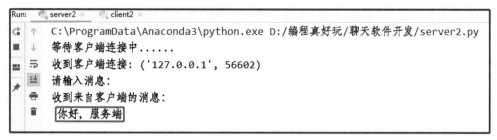

图 9-28　服务器接收信息

第4步 从图 9-27 和图 9-28 中可以看出，客户端能够发送消息，服务器成功接收到消息。为了验证是否可以实现"想发就发"的功能，我们再次让客户端发送消息，如图 9-29 所示。

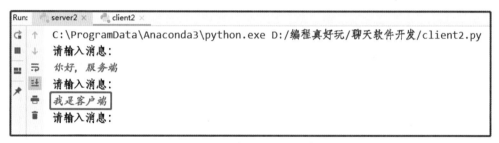

图 9-29　客户端发送信息

服务器收到消息后，并输出该消息内容，如图 9-30 所示。

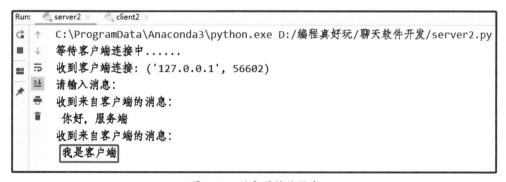

图 9-30　服务器接收信息

第5步 通过上面的运行结果，我们可以看出客户端连续两次向服务器发送消息，服务器也都正确无误地接收到。那么，我们再让服务器连续地给客户端发送消息，程序运行结果如图 9-31 所示。

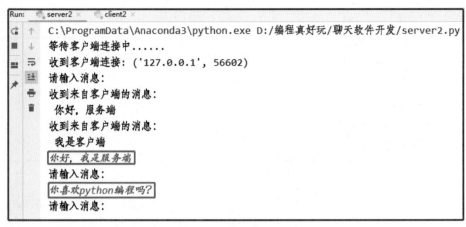

图 9-31　服务器发送两条信息

客户端收到来自服务器的两条消息后，并输出两条消息内容，如图 9-32 所示。

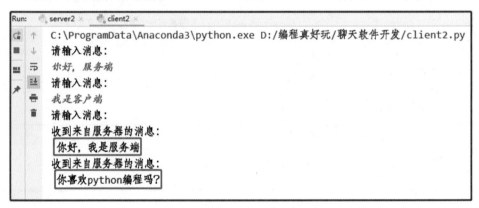

图 9-32　客户端接收到两条信息

通过上面 5 个步骤的测试，我们可以看出，加入多线程编程后的服务器与客户端可以自由地发送消息，不再受阻塞函数的影响，能够真正实现"想发就发"的功能。

编程过关挑战——图形化聊天软件开发

难易程度　★★★★★　　　　过关时间　大约90分钟

挑战介绍

在前面的小节中，Eric 老师和大家一起完成了一对一网络通信的编程。不管是微信还是 QQ，一个账号可以添加多个好友。也就是说，我们可以任意选择一个好友进行聊天，即一对多的聊天。如果只能添加一个好友，那就是一对一的聊天，就是我们在上一小节中完成的功能。接下来，Eric 老师就和大家一起完成一对多的聊天，同时结合 tkinter 模块，实现一个图形化的聊天软件。

✎ 思路分析 ——

一对多的聊天方式有别于一对一的聊天，在一对多的聊天中服务器充当转发消息的角色，此类社交软件架构如图 9-33 所示。

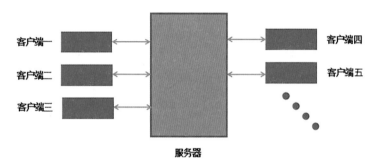

图 9-33　一对多通信示意图

在图 9-33 中，客户端连接服务器，把消息（包括接收者的地址信息）一同发送给服务器，服务器收到后解析消息（分析消息应该转发给谁），转发消息给接收者。

（1）服务器编程实现

首先，根据一对多通信示意图编写服务器程序，完整程序如下所示。

```
1.  import tkinter
2.  import socket
3.  import threading
4.  win = tkinter.Tk()
5.  win.title(' 服务器——Eric 编写 ')
6.  win.geometry("400x200")
7.  users = {}
8.  def run(ck, ca):
9.      userName = ck.recv(1024)
10.     users[userName.decode("utf-8")] = ck
```

```
11.        printStr = "" + userName.decode("utf-8") + " 连接 \n"
12.        text.insert(tkinter.INSERT, printStr)
13.        while True:
14.            rData = ck.recv(1024)
15.            dataStr = rData.decode("utf-8")
16.            infolist = dataStr.split(":")
17.            users[infolist[0]].send((userName.decode("utf-8") + " 说 " +
                                infolist[1]).encode("utf"))
18. def start():
19.        ipStr = eip.get()
20.        portStr = eport.get()
21.        server = socket.socket(socket.AF_INET, socket.SOCK_STREAM)
22.        server.bind((ipStr, int(portStr)))
23.        server.listen(10)
24.        printStr = " 服务器启动成功 \n"
25.        text.insert(tkinter.INSERT, printStr)
26.        while True:
27.            ck, ca = server.accept()
28.            t = threading.Thread(target=run, args=(ck, ca))
29.            t.start()
30. def startSever():
31.        s = threading.Thread(target=start)
32.        s.start()
33. labelIp = tkinter.Label(win, text='ip').grid(row=0, column=0)
34. labelPort = tkinter.Label(win, text='port').grid(row=1, column=0)
35. eip = tkinter.Variable()
36. eport = tkinter.Variable()
37. entryIp = tkinter.Entry(win, textvariable=eip).grid(row=0, column=1)
38. entryPort = tkinter.Entry(win, textvariable=eport).grid(row=1, column=1)
39. button = tkinter.Button(win, text=" 启动 ", command=startSever).
```

```
                    grid(row=2, column=0)
40. text = tkinter.Text(win, height=5, width=30)
41. labeltext = tkinter.Label(win, text=' 连接消息 ').grid(row=3, column=0)
42. text.grid(row=3, column=1)
43. win.mainloop()
```

· 关键代码行含义 ·

第1～3行：导入需要使用到的模块。

第4～6行：创建一个400×200的图形化界面，标题设置为"服务器——Eric 编写"。

第7行：定义一个字典 users，用于存放客户端名称及其对应的网络地址。

第8～17行：定义 run 函数，用于接收客户端的信息。

第9行：接收客户端发送的信息，以 1024 字节作为单位。

第10行：解码并存储用户的信息。

第11、12行：在连接显示框中显示是否连接成功。

第13行：进入无限循环。

第14行：接收客户端发送的信息。

第15行：解码。

第16行：以 ":" 分隔字符串从而得到所要发送的用户名和客户端所发送的信息。

第17行：转发信息。

第18～29行：定义 start 函数，用于启动服务器，每当有客户端接入，就新建一个线程为之服务。

第19行：获取填写的 IP 地址。

第20行：获取填写的端口号。

第21行：实例化一个 socket 对象。

第22行：绑定 IP 地址和端口。

第23行：设置最大连接数。

第24、25行：在显示框中显示提示信息"服务器启动成功"。

第26行：进入无限循环。

第27行：接收客户端的连接。

第28、29行：启动一个线程接收客户端的信息，以 run 函数作为线程函数。

第 30 ~ 32 行：定义一个函数，以线程的方式启动 start 函数。

第 33 ~ 43 行：设置图形化的界面，包括文本框、输入框、按键等。

编写完成服务器程序后，运行程序，结果如图 9-34 所示。

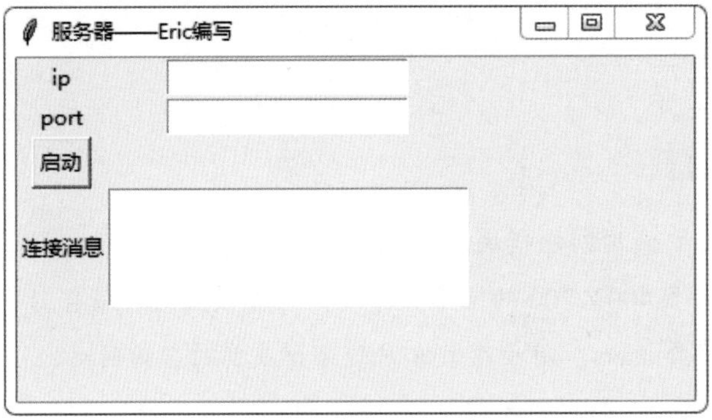

图 9-34　服务器启动界面

（2）客户端编程实现

根据一对多通信示意图编写客户端程序，完整的程序如下所示：

```
1.  import tkinter
2.  import socket
3.  import threading
4.  win = tkinter.Tk()
5.  win.title(" 客户端一 ")
6.  win.geometry("400x300")
7.  ck = None
8.  def getInfo():
9.      while True:
10.         data = ck.recv(1024)
11.         text.insert(tkinter.INSERT, data.decode("utf-8"))
12. def connectServer():
13.     global ck
14.     ipStr = eip.get()
15.     portStr = eport.get()
```

```
16.        userStr = euser.get()
17.        client = socket.socket(socket.AF_INET, socket.SOCK_STREAM)
18.        client.connect((ipStr, int(portStr)))
19.        client.send(userStr.encode("utf-8"))
20.        ck = client
21.        t = threading.Thread(target=getInfo)
22.        t.start()
23. def sendMail():
24.        friend = efriend.get()
25.        sendStr = esend.get()
26.        sendStr = friend + ":" + sendStr
27.        ck.send(sendStr.encode("utf-8"))
28. labelUse = tkinter.Label(win, text="userName").grid(row=0, column=0)
29. euser = tkinter.Variable()
30. entryUser = tkinter.Entry(win, textvariable=euser).grid(row=0, column=1)
31. labelIp = tkinter.Label(win, text="ip").grid(row=1, column=0)
32. eip = tkinter.Variable()
33. entryIp = tkinter.Entry(win, textvariable=eip).grid(row=1, column=1)
34. labelPort = tkinter.Label(win, text="port").grid(row=2, column=0)
35. eport = tkinter.Variable()
36. entryPort = tkinter.Entry(win, textvariable=eport).grid(row=2, column=1)
37. button = tkinter.Button(win, text="启动", command=connectServer).
                      grid(row=3, column=0)
38. text = tkinter.Text(win, height=5, width=30)
39. labeltext= tkinter.Label(win, text=" 显示消息 ").grid(row=4, column=0)
40. text.grid(row=4, column=1)
41. esend = tkinter.Variable()
42. labelesend = tkinter.Label(win, text=" 发送的消息 ").grid(row=5, column=0)
43. entrySend = tkinter.Entry(win, textvariable=esend).grid(row=5, column=1)
44. efriend = tkinter.Variable()
```

```
45. labelefriend= tkinter.Label(win, text=" 发给谁 ").grid(row=6, column=0)
46. entryFriend = tkinter.Entry(win, textvariable=efriend).grid(row=6,
                                column=1)
47. button2 = tkinter.Button(win, text=" 发送 ", command=sendMail).
                              grid(row=7, column=0)
48. win.mainloop()
```

·关键代码行含义·

第 1 ～ 3 行：导入需要使用到的模块。

第 4 ～ 6 行：创建一个 400×300 的图形化界面，标题设置为"客户端一"。

第 7 行：定义变量 ck，用于存储客户端的信息。

第 8 ～ 11 行：定义 getInfo 函数，用于接收服务器发送的信息，并显示。

第 12 ～ 22 行：定义 connectServer 函数，用于连接服务器，并启动线程接收服务器发送的信息。

第 23 ～ 27 行：定义 sendMail 函数，获取文本输入框中消息并发送给服务器。

第 28 ～ 48 行：设置图形化的界面，包括文本框、输入框、按键等。

编写完成客户端程序后，运行程序，结果如图 9-35 所示。

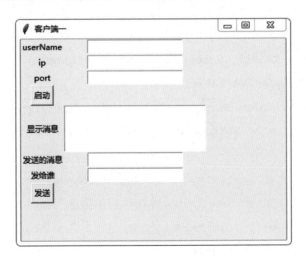

图 9-35　客户端运行界面

服务器与客户端程序都编写完成后，还不能测试一对多的通信，因为根据图 9-33 所示的一对多通信示意图，我们至少需要 3 个客户端才能称得上一对多通信。因此，我们需要把客户端程序再复制两份，并分别重命名为"clien2"和"clien3"，如图9-36所示。

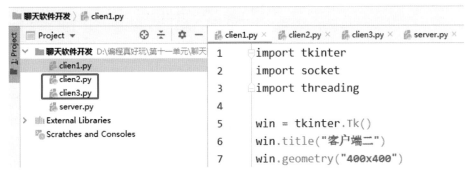

图9-36　聊天软件结构

测试的操作步骤如下。

第1步　运行服务器程序，Eric老师查询到本机的IP地址为192.168.207.1，分别填写IP地址和端口号，然后单击"启动"按钮，结果如图9-37所示，可以看出输出了提示信息"服务器启动成功"。

第2步　运行客户端一的程序，填写用户名"a1"，以及服务器的IP地址和端口号，然后单击"启动"按钮，结果如图9-38所示。

图9-37　服务器启动成功

图9-38　客户端"a1"启动

客户端启动后，服务器收到客户端的连接，如图9-39所示。

第3步　用同样的方式运行客户端二的程序和客户端三程序，分别填写用户名"a2"和"a3"，并填写对应服务器的IP地址和端口号，然后单击"启动"按钮，如图9-40和图9-41所示。

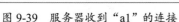

图 9-39　服务器收到"a1"的连接　　　　　图 9-40　客户端"a2"启动

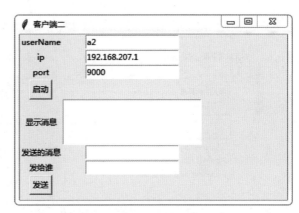

再以上述方法运行客户端三的程序，填写用户名为"a3"，以及服务器的 IP 和端口，然后单击"启动"按钮，如图 9-41 所示。

第4步　客户端"a1"、"a2"和"a3"都连接上了服务器，如图 9-42 所示。相当于 QQ 中的 3 个好友都"在线"，那么"a1"可以与"a2"和"a3"随意聊天，同样"a2"与"a3"之间也是如此。

图 9-41　客户端"a3"启动　　　　　图 9-42　服务器收到 3 个客户端的连接

第5步　Eric 老师让"a1"给"a2"发送信息，如图 9-43 所示。"a2"收到"a1"发送的信息，如图 9-44 所示。

第6步　Eric 老师再让"a1"给"a3"发送信息，如图 9-45 所示。"a3"收到"a1"发送的信息，如图 9-46 所示。

从上面可以看出，客户端"a1"已经成功给客户端"a2"和"a3"发送信息，Eric 老师就测试到此，大家可以自行测试"a2"和"a3"发送信息给"a1"。

图 9-43　客户端"a1"给"a2"发送信息

图 9-44　客户端"a2"收到信息

图 9-45　客户端"a1"给"a3"发送消息

图 9-46　客户端"a3"收到消息、

单元小结

　　在本单元中，我们首先学习了计算机网络通信的相关基础知识，包括服务器、客户端的含义，以及服务器与客户端的关系。在网络中的计算机都被分配一个 IP 地址，根据编址方式，IP 地址可分为 A、B、C、D、E 类，我们的个人计算机一般是 C 类地址。然后，我们学习了在 Python 中如何使用相关函数编程实现网络通信，分别编写了一个服务器程序和客户端程序，然后不断完善和优化，最终通过多线程的编程方式开发出一对多的聊天软件。

面向对象编程入门

——"全民打砖块"

　　游戏可以舒缓压力，可以丰富人们的生活，可以锻炼人的脑力，也可以提高思维的敏捷性。但不要沉迷于游戏，否则会起到相反的效果。

　　有研究表明，程序员一般很少沉迷于游戏，因为他们了解游戏的运行原理，各种技能与装备的获得只是一个数字的变化而已，甚至他们中的部分人就是开发研究游戏的，因此游戏对他们来说显得没有那么大的吸引力。

　　接下来，Eric 老师将和大家一起编程开发一款好玩的游戏 —— "全民打砖块"。用户通过键盘左、右方向键控制下方的球拍的左右移动，以接住小球的下落，当小球碰到球拍后，会向上反弹；小球碰到上方砖块，砖块会消失，当上方砖块全部消失便闯关成功。如果球拍没有接住小球，小球就落到底部不再反弹，游戏就此结束。

在本单元中，我们先学习开发"打砖块"游戏的必备编程知识。例如，何谓面向对象，什么是类，如何创建一个类，怎样为类添加方法与属性等。然后一步步编写游戏的各个功能。例如，创建小球类、球拍类、砖块类，判断球拍与小球是否发生碰撞，小球与砖块是否发生碰撞，发生碰撞后怎么操作，程序如何实现这些操作，等等。

10.1 面向对象基础

在前面的单元中，Eric 老师给大家提过，Python 是一门面向对象的高级编程语言，面向对象的编程语言还有了 java、C# 等。除了面向对象的编程语言，还有面向过程的编程语言，如 C 语言。

那么，什么是面向对象的编程呢？面向对象是软件开发方法。面向对象的概念和应用已超越了程序设计和软件开发，扩展到如数据库系统、交互式界面、应用结构、应用平台、分布式系统、网络管理结构、CAD 技术、人工智能等领域。面向对象是一种对现实世界理解和抽象的方法，是计算机编程技术发展到一定阶段后的产物。

现在 Eric 老师给大家介绍面向对象编程的几个重要概念。

① 类：用来描述具有相同属性和方法的对象的集合。它定义了该集合中每个对象所共有的属性和方法。

② 属性：类中的变量，用于处理类及其实例对象的相关数据。

③ 方法：类中定义的函数。

④ 实例化：创建一个类的实例，类的具体对象。

⑤ 对象：对象是类的实例，即通过类定义的数据结构实例。

10.2 类的创建

学习了类的基本概念后，接下来我们学习如何创建一个类，并为该类添加属性与方法。

10.2.1 类的创建

使用 class 语句创建一个新类，class 之后为类的名称并以冒号结尾，如创建一个 dog 类的格式如下：

```
class dog:
    pass
```

10.2.2　添加类的属性

类的属性就是类中的变量，如给 dog 类添加一个 name 属性和 age 属性，格式如下：

```
class dog:
    def __init__(self, name, age):
        self.name = name
        self.age = age
```

10.2.3　添加类的方法

类的方法就是类中的函数，如给 dog 类添加一个 eat 方法，格式如下：

```
class dog:
    def __init__(self, name, age):
        self.name = name
        self.age = age
    def eat(self,food):
        print("eat "+food+"......")
```

10.2.4　类的实例化

创建一个类的实例，就是类的具体对象。例如，有一只小狗，名叫旺财，今年两岁，它正在吃骨头。Eric 老师使用 dog 类实例化描述当前这只小狗，程序格式如下：

```
d1 = dog(" 旺财 ",2)
d1.eat(" 骨头 ")
```

案例 42 创建游戏窗口

学习完类的属性与方法后，我们就可以进入"全民打砖块"游戏的编程开发了。

案例描述

"全民打砖块"游戏的对象包括小球、球拍、砖块，球拍用以接住下落的小球，小球碰到球拍后会反弹。反弹后碰到上方砖块，砖块就会消失，也即闯关成功。在游戏中，使用键盘中的左、右方向键可以控制下面球拍的左右移动。与前面学习过的编程设计计算器类

似，首先要创建一个游戏窗口。

✏ 案例分析

  tkinter 模块可以提供图形化编程相关功能，因此在这个游戏中可以继续使用该模块。在这个游戏中涉及图形绘制与运动，可以使用 Canvas 组件。Canvas 组件为 tkinter 模块提供了绘图功能，其提供的图形组件包括线形、圆形、图片等。

✏ 编程实现

  通过案例分析，编写案例程序如下：

```
1.  from tkinter import *
2.  tk = Tk()
3.  tk.title(" 全民打砖块 ")
4.  tk.resizable(0,0)
5.  canvas = Canvas(tk,width=500,height=400,background = "blue")
6.  canvas.pack()
7.  tk.mainloop()
```

第1行：导入 tkinter 模块。

第2行：使用 Tk 类实例化一个游戏窗口 tk。

第3行：设置游戏窗口显示名字为"全民打砖块"。

第4行：设置游戏窗口大小不可变，两个参数分别对应 x、y 方向，如果传递参数为 1，则其方向可以通过拉动鼠标改变大小。

第5行：使用 Canvas 画布类设置游戏窗口大小为 500×400，背景颜色为蓝色。

第6行：调用 pack 函数把画布放置在游戏窗口上，如果不调用该函数，则 Canvas 画笔的设置内容不会显示。

第7行：调用 mainloop 函数，程序进入等待状态。

● 程序运行结果

完成上面的程序后，并运行程序，结果如图 10-1 所示，可以看到一个大小为 500×400 的蓝色的游戏窗口出现在屏幕上。

图 10-1   程序运行结果

案例 43 创建一个小球类

案例描述

完成游戏窗口创建以后，那么如何在游戏窗口上创建一个小球，最后让小球在游戏窗口上自由运动呢？

案例分析

根据前面小节中学习的面向对象知识，通过对类的封装可以更加方便游戏的编程开发。因此我们可以定义一个小球类，方便封装小球属性和方法。

编程实现

在案例 42 的基础上添加了字体加粗部分代码，完整程序如下所示：

```
1. from tkinter import *
```

```
2.  tk = Tk()
3.  tk.title(" 全民打砖块 ")
4.  tk.resizable(0,0)
5.  canvas = Canvas(tk,width=500,height=400,background = "blue")
6.  canvas.pack()
7.  class Ball():
8.      def __init__(self,canvas,color):
9.          self.canvas = canvas
10.         self.id = canvas.create_oval(10,10,25,25,fill=color)
11.         self.canvas.move(self.id,245,100)
12. ball = Ball(canvas,"red")
13. tk.mainloop()
```

第7行：使用关键字 class 创建一个 Ball 类。

第8行：在 __init__ 函数中设置 canvas 和 cdor 两个参数。

第9行：设置 canvas 属性为创建对象时传入的 canvas。

第10行：设置 id 属性为 canvas.create_oval 函数的返回值，返回的是一个形似椭圆的图形。可以理解为图形被放置在一个正方形里面，正方形的左下角坐标为 (10,10)，右上角坐标为 (25,25)，我们可以给椭圆图形填充各种颜色。

第11行：调用 move 函数把小球图形移动到坐标为 (245,100) 的位置，游戏窗口的左下角坐标为 (0,0)。

第12行：使用 Ball 类实例化一个 ball 对象，颜色为红色。

● 程序运行结果

程序运行结果如图 10-2 所示，可以看到一个红色的小球出现在游戏窗口的正上方位置，说明小球创建成功。

图 10-2 程序运行结果

案例 44 自由运动的小球

案例描述

在案例 43 中，我们成功地创建了小球类，并实例化了一个红色小球在游戏窗口的正上方位置，那么怎么让小球运动起来呢？

案例分析

小球能够运动应该是小球具备的一个功能，因此给小球添加一个运动的方法，让红色小球调用该方法即可。

编程实现

在案例 43 的基础上，给 Ball 类添加 draw 方法如字体加粗部分代码，完整的程序如下所示：

```
1.  from tkinter import *
2.  import time
3.  tk = Tk()
4.  tk.title(" 全民打砖块 ")
5.  tk.resizable(0,0)
```

```
6.  canvas = Canvas(tk,width=500,height=400,background = "blue")
7.  canvas.pack()
8.  class Ball():
9.          def __init__(self,canvas,color):
10.         self.canvas = canvas
11.         self.id = canvas.create_oval(10,10,25,25,fill=color)
12.         self.canvas.move(self.id,250,100)
13.         self.x = -1
14.         self.y = -1
15.     def draw(self):
16.         self.canvas.move(self.id,self.x,self.y)
17.         pos = self.canvas.coords(self.id)
18.         if pos[0]<=0:
19.             self.x = 1
20.         elif pos[1]<=0:
21.             self.y = 1
22.         elif pos[2] >= 500:
23.             self.x = -1
24.         elif pos[3]>=400:
25.             self.y = -1
26. ball = Ball(canvas,"red")
27. while True:
28.     ball.draw()
29.     tk.update()
30.     time.sleep(0.01)
```

第2行：导入 time 模块。

第13行：给小球添加属性 x，表示沿横坐标方向的运动速度。

第 14 行：给小球添加属性 y，表示沿纵坐标方向的运动速度。

第 15 ~ 25 行：定义 draw 方法，控制小球运动。

第 16 行：调用画笔的 move 方法，里面传递 3 个参数，分别是小球图片、x 方向的运动单位（负数往左，正数往右）、y 方向的运动单位（负数往上，正数往下）。

第 17 行：在 draw 方法中，获取小球的位置信息，并赋值给变量 pos。pos 是一个含有 4 个元素的列表（注意：游戏窗口的左上角坐标为 (0,0)，右下角坐标为 (500,400)）。

第 18、19 行：pos[0] 表示小球左下角的横坐标，如果小于等于零，说明小球碰到了游戏窗口左边，设置 x 属性为 1，调用 move 函数时，小球往右方运动。

第 20、21 行：pos[1] 表示小球左下角的纵坐标，如果小于等于零，说明小球碰到了游戏窗口上边，设置 y 属性为 1，调用 move 函数时，小球往下方运动。

第 22、23 行：pos[2] 表示小球右上角的横坐标，如果大于等于 500，说明小球碰到了游戏窗口右边，设置 x 属性为 -1，调用 move 函数时，小球往左方运动。

第 24、25 行：pos[3] 表示小球右上角的纵坐标，如果大于等于 400，说明小球碰到了游戏窗口下边，设置 y 属性为 -1，调用 move 函数时，小球往上方运动。

第 27 行：进入 while 无限循环。

第 28 行：调用小球的运动方法 draw。

第 29 行：调用游戏窗口的刷新函数 update，更新画面。

第 30 行：调用 time 模块中的延时函数 sleep，延时 0.01 秒。在此添加延时的作用是：每隔 0.01 秒调用一次运动函数和刷新函数。如果不调用该函数，小球运动非常快，会一闪而过，可能人眼根本看不出。

● 程序运行结果

运行程序，我们可以看到小球先往左上角运动，因为在 move 函数中设置的参数 x 方向为 -1，y 方向为 -1；当小球碰到游戏窗口边沿后反弹继续运动，就这样小球一直在游戏窗口内自由运动。

案例 45 创建球拍类

✎ 案例描述

在前面的案例中，我们完成了"全民打砖块"游戏中的小球创建，小球也可以自由运动。在本案例中，Eric 老师将和大家一起完成球拍类的创建编程。

📝 **案例分析**

根据小球类的编程分析，球拍类与小球类非常类似，小球类是一个圆形而球拍类是一个长方形。绘制一个长方形可以用 Canvas 组件中的 create_rectangle 方法。

📝 **编程实现**

在案例 44 的基础上，添加字体加粗部分代码，创建球拍类，并实例化一个白色的球拍，完整的程序如下所示：

```python
1.  from tkinter import *
2.  import time
3.  tk = Tk()
4.  tk.title(" 全民打砖块 ")
5.  tk.resizable(0,0)
6.  canvas = Canvas(tk,width=500,height=400,background = "blue")
7.  canvas.pack()
8.  class Ball():
9.      def __init__(self,canvas,color):
10.         self.canvas = canvas
11.         self.id = canvas.create_oval(10,10,25,25,fill=color)
12.         self.canvas.move(self.id,250,100)
13.         self.x = -1
14.         self.y = -1
15.     def draw(self):
16.         self.canvas.move(self.id,self.x,self.y)
17.         pos = self.canvas.coords(self.id)
18.         if pos[0]<=0:
19.             self.x = 1
20.         elif pos[1]<=0:
21.             self.y = 1
22.         elif pos[2] >= 500:
```

```
23.                self.x = -1
24.            elif pos[3]>=400:
25.                self.y = -1
26. class Racket:
27.     def __init__(self,canvas,color):
28.         self.canvas = canvas
29.         self.id = canvas.create_rectangle(0,0,100,10,fill=color)
30.         self.canvas.move(self.id,200,300)
31. racket = Racket(canvas,"white")
32. ball = Ball(canvas,"red")
33. while True:
34.     ball.draw()
35.     tk.update()
36.     time.sleep(0.01)
```

第 26 ~ 30 行: 创建一个球拍类 Racket, 与创建小球类的程序基本一样。

第 27 行: 在 __init__ 函数中设置两个参数。

第 28 行: 设置 canvas 属性为创建对象时传入的 canvas。

第 29 行: 设置 id 属性为 canvas.create_rectangle 函数的返回值, 返回的是一个四边形的图形。图形的左下角坐标为 (0,0), 右上角坐标为 (100,10), 也就是一个长为 100、宽为 10 的长方形, 在实例化的时候我们可以给它填充各种颜色。

第 30 行: 调用 move 函数把长方形移动到坐标为 (200,300) 的位置, 注意游戏窗口的左上角坐标为 (0,0), 右下角坐标为 (500,400)。

第 31 行: 使用 Racket 类实例化一个 racket 对象, 颜色为白色。

● 程序运行结果

运行程序, 我们可以看到, 一个白色的长方形球拍就出现在游戏窗口正下方位置, 如图 10-3 所示。

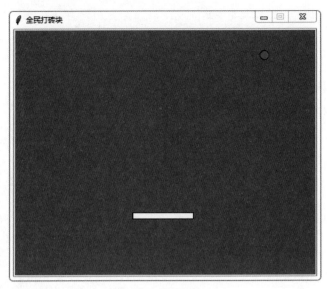

图 10-3　程序运行结果

案例46 球拍"动起来"

案例描述

完成了球拍的创建后，运行程序，按键盘的左、右方向键，发现球拍没有任何反应，这是因为还没有添加相关程序，所以球拍不受键盘控制。那么接下来，Eric 老师将和大家一起完成用按键控制球拍左右移动的程序编写。

案例分析

球拍的左右移动控制也是在球拍类中添加向左移动和向右移动的方法。那么怎么获取键盘按键呢？可以使用 Canvas 组件中的 bind_all 方法绑定按键与相关移动函数。

编程实现

在案例 45 的基础上，添加字体加粗部分代码，给球拍类添加左右移动函数，并且把左右按键与控制运动方向的函数进行绑定，完整的程序如下所示：

```
1.  from tkinter import *
2.  import time
3.  tk = Tk()
```

```
4.  tk.title(" 全民打砖块 ")

5.  tk.resizable(0,0)

6.  canvas = Canvas(tk,width=500,height=400,background = "blue")

7.  canvas.pack()

8.  class Ball():

9.      def __init__(self,canvas,color):

10.         self.canvas = canvas

11.         self.id = canvas.create_oval(10,10,25,25,fill=color)

12.         self.canvas.move(self.id,250,100)

13.         self.x = -1

14.         self.y = -1

15.     def draw(self):

16.         self.canvas.move(self.id,self.x,self.y)

17.         pos = self.canvas.coords(self.id)

18.         if pos[0]<=0:

19.             self.x = 1

20.         elif pos[1]<=0:

21.             self.y = 1

22.         elif pos[2] >= 500:

23.             self.x = -1

24.         elif pos[3]>=400:

25.             self.y = -1

26. class Racket:

27.     def __init__(self,canvas,color):

28.         self.canvas = canvas

29.         self.id = canvas.create_rectangle(0,0,100,10,fill=color)

30.         self.canvas.move(self.id,200,300)

31.         self.x = 0

32.         self.canvas.bind_all('<KeyPress-Left>', self.turn_left)

33.         self.canvas.bind_all('<KeyPress-Right>', self.turn_right)
```

```
34.      def draw(self):
35.          self.canvas.move(self.id, self.x, 0)
36.          pos = self.canvas.coords(self.id)
37.          if pos[0] <= 0:
38.              self.x = 0
39.          elif pos[2] >= 500:
40.              self.x = 0
41.      def turn_left(self, evt):
42.          self.x = -3
43.      def turn_right(self, evt):
44.          self.x = 3
45. racket = Racket(canvas,"white")
46. ball = Ball(canvas,"red")
47. while True:
48.      ball.draw()
49.      racket.draw()
50.      tk.update()
51.      time.sleep(0.01)
```

第 31 行：在球拍类中添加属性 x，用于控制球拍左右移动的速度。

第 32 行：把方向左按键与 turn_left 函数进行绑定，当运行程序按左键时就会调用 turn_left 函数。

第 33 行：把方向右按键与 turn_right 函数进行绑定，当运行程序按右键时就会调用 turn_right 函数。

第 34 ~ 40 行：定义球拍移动函数 draw。

第 35 行：调用 move 函数，使球拍在 x 轴方向移动，x 为正时往右移动，x 为负时往左移动。

第 36 行：调用 coords 函数获取球拍所在位置。

第 37、38 行：如果球拍左下角的横坐标 x 小于等于 0，即球拍碰到了游戏窗口的左边，则球拍停止移动。

第39、40行：如果球拍右上角横坐标x大于等于500，即球拍碰到了游戏窗口的右边，则球拍停止移动。

第41、42行：定义 turn_left 函数，当按方向左键时调用该函数；移动速度为3个像素单位；更改x的值，可以改变球拍运动速度。

第43、44行：定义 turn_right 函数，当按方向右键时调用该函数；移动速度为3个像素单位。

第49行：在无限循环中调用球拍的 draw 函数。

程序运行结果

运行程序时可以看到当按左键时，球拍一直往左边运动，直到碰到边界。如图10-4所示，Eric老师按左键后，球拍一直移动到窗口最左边；当按右键后，球拍又从最左边一直运动到最右边，如图10-5所示。

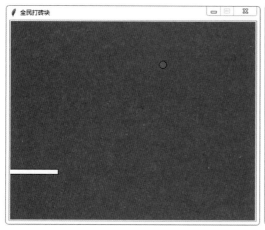

图10-4　程序运行结果1

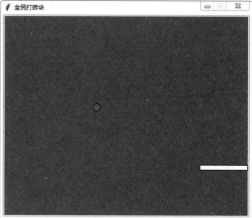

图10-5　程序运行结果2

Eric 老师温馨提示

运行程序时不难发现：当按左键后，球拍一直往左运动，按右键后一直往右运动。

大家可能想要下面这种效果：按一下左键，球拍往左移动一下；按一下右键，球拍往右移动一下。那么，程序怎么实现呢？我们只需要修改一下 turn_left 和 turn_right 函数即可。

案例 47 球拍接小球

案例描述

在案例 46 中，球拍已经可以通过键盘按键的控制来实现左右运动。但是，小球碰到球拍并没有反弹，而是完全"无视"球拍的存在，按照原来的方向继续运动。那么，怎么实现小球碰到球拍后反弹呢？

案例分析

我们只需要在小球类中添加一个方法。在该方法中获取小球与球拍的位置，判断它们在同一时刻是否出现在同一位置，如果是则小球往相反方向运动即可。由于球拍比小球大很多，因此不能忽略它们的大小，小球与球拍碰撞示意图如图 10-6 所示。

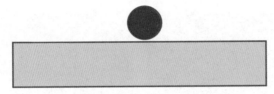

图 10-6　小球与球拍碰撞示意图

编程实现

结合小球与球拍碰撞示意图，在案例 46 的基础上添加了字体加粗部分代码，完整的程序如下所示：

```
1.  from tkinter import *
2.  import time
3.  tk = Tk()
4.  tk.title(" 全民打砖块 ")
5.  tk.resizable(0,0)
6.  canvas = Canvas(tk,width=500,height=400,background = "blue")
7.  canvas.pack()
8.  class Ball():
9.      def __init__(self,canvas,color,racket):
10.         self.canvas = canvas
```

```
11.          self.racket = racket
12.          self.id = canvas.create_oval(10,10,25,25,fill=color)
13.          self.canvas.move(self.id,250,100)
14.          self.x = -1
15.          self.y = -1
16.      def draw(self):
17.          self.canvas.move(self.id,self.x,self.y)
18.          pos = self.canvas.coords(self.id)
19.          if pos[0]<=0:
20.              self.x = 1
21.          elif pos[1]<=0:
22.              self.y = 1
23.          elif pos[2] >= 500:
24.              self.x = -1
25.          elif pos[3]>=400:
26.              self.y = -1
27.      def hit_racket(self):
28.          pos = self.canvas.coords(self.id)
29.          racket_pos = self.canvas.coords(self.racket.id)
30.          if pos[2] >= racket_pos[0] and pos[0] <=racket_pos[2]:
31.              if pos[3] >=racket_pos[1] and pos[3] <= racket_pos[3]:
32.                  self.y = -self.y
33. class Racket:
34.      def __init__(self,canvas,color):
35.          self.canvas = canvas
36.          self.id = canvas.create_rectangle(0,0,100,10,fill=color)
37.          self.canvas.move(self.id,200,300)
38.          self.x = 0
39.          self.canvas.bind_all('<KeyPress-Left>', self.turn_left)
40.          self.canvas.bind_all('<KeyPress-Right>', self.turn_right)
```

```
41.     def draw(self):
42.         self.canvas.move(self.id, self.x, 0)
43.         pos = self.canvas.coords(self.id)
44.         if pos[0] <= 0:
45.             self.x = 0
46.         elif pos[2] >= 500:
47.             self.x = 0
48.     def turn_left(self, evt):
49.         self.x = -3
50.     def turn_right(self, evt):
51.         self.x = 3
52. racket = Racket(canvas,"white")
53. ball = Ball(canvas,"red",racket)
54. while True:
55.     ball.hit_racket()
56.     ball.draw()
57.     racket.draw()
58.     tk.update()
59.     time.sleep(0.01)
```

第 9、11 行：给 Ball 类添加一个 racket 属性。

第 27 ~ 32 行：在 Ball 类中定义 hit_racket 函数。

第 28 行：获取小球的位置 pos，pos 是一个列表，存放小球的位置信息。

第 29 行：获取球拍的位置信息 racket_pos。

第 30 行：判断小球的 x 坐标是否在球拍左右两边 x 坐标范围之内。

第 31 行：判断小球的 y 坐标是否在球拍上下两边 y 坐标范围之内。

第 32 行：如果第 30、31 行条件都满足，那么说明小球碰撞到了球拍，则小球反弹。

第 53 行：在实例化小球类时传入 racket 属性。

第55行： 在无限循环中，调用 hit_racket 函数，以检测小球与球拍的碰撞。

● 程序运行结果

运行程序时可以看到当小球碰到球拍后会反弹。至此，小球与球拍的碰撞检测已经完成。

案例 48 砖块类的创建

案例描述

在上面的程序中，我们完成了小球类和球拍类的创建，还需要对砖块类进行创建，砖块分布在游戏窗口的上方。那么，怎么创建砖块类，并把它们均匀地放置在游戏窗口的正上方呢？

案例分析

砖块与球拍非常类似，都是长方形，而且砖块类更加简单，不用运动。因此，我们只需要对球拍类稍加修改即可完成砖块类的编程。在本游戏中，总共有 4 行 8 列共 32 块，因此我们可以使用列表存放砖块对象。

编程实现

在案例 47 的基础上，添加字体加粗部分代码，完整的程序如下所示：

```
1.  from tkinter import *
2.  import time
3.  tk = Tk()
4.  tk.title(" 全民打砖块 ")
5.  tk.resizable(0,0)
6.  canvas = Canvas(tk,width=500,height=400,background = "blue")
7.  canvas.pack()
8.  brick_list = []
9.  class Ball():
10.     def __init__(self,canvas,color,racket):
11.         self.canvas = canvas
```

```
12.          self.racket = racket
13.          self.id = canvas.create_oval(10,10,25,25,fill=color)
14.          self.canvas.move(self.id,245,100)
15.          self.x = -1
16.          self.y = -1
17.      def draw(self):
18.          self.canvas.move(self.id,self.x,self.y)
19.          pos = self.canvas.coords(self.id)
20.          if pos[0]<=0:
21.              self.x = 1
22.          elif pos[1]<=0:
23.              self.y = 1
24.          elif pos[2] >= 500:
25.              self.x = -1
26.          elif pos[3]>=400:
27.              self.y = -1
28.      def hit_racket(self):
29.          pos = self.canvas.coords(self.id)
30.          racket_pos = self.canvas.coords(self.racket.id)
31.          if pos[2] >= racket_pos[0] and pos[0] <=racket_pos[2]:
32.              if pos[3] >=racket_pos[1] and pos[3] <= racket_pos[3]:
33.                  self.y = -self.y
34. class Racket:
35.      def __init__(self,canvas,color):
36.          self.canvas = canvas
37.          self.id = canvas.create_rectangle(0,0,100,10,fill=color)
38.          self.canvas.move(self.id,200,300)
39.          self.x = 0
40.          self.canvas.bind_all('<KeyPress-Left>', self.turn_left)
41.          self.canvas.bind_all('<KeyPress-Right>', self.turn_right)
```

```
42.     def draw(self):
43.         self.canvas.move(self.id, self.x, 0)
44.         pos = self.canvas.coords(self.id)
45.         if pos[0] <= 0:
46.             self.x = 0
47.         elif pos[2] >= 500:
48.             self.x = 0
49.     def turn_left(self, evt):
50.         self.x = -3
51.     def turn_right(self, evt):
52.         self.x = 3
53. class Brick:
54.     def __init__(self,canvas,color,x,y):
55.         self.canvas = canvas
56.         self.id = canvas.create_rectangle(0,0,30,10,fill = color)
57.         self.canvas.move(self.id,x,y)
58.         self.x = x
59.         self.y = y
60.         self.canvas_width = self.canvas.winfo_width()
61.     def set_color(self,color):
62.         self.id = canvas.create_rectangle(0,0,30,10,fill = color)
63.         self.canvas.move(self.id,self.x,self.y)
64. for i in range(1,5):
65.     for j in range(1,9):
66.         brick = Brick(canvas,'yellow',j*50+10,i*20+10)
67.         brick_list.append(brick)
68. racket = Racket(canvas,"white")
69. ball = Ball(canvas,"red",racket)
70. while True:
71.     ball.hit_racket()
```

```
72.        ball.draw()
73.        racket.draw()
74.        tk.update()
75.        time.sleep(0.01)
```

第 8 行：定义一个空列表 brick_list，用于存放砖块对象。

第 53 ~ 67 行：创建砖块 Brick 类。

第 54 ~ 60 行：给 Brick 类添加属性。

第 61 ~ 63 行：给 Brick 类添加 set_color 方法，给砖块设置颜色。

第 64 ~ 67 行：通过双重循环创建 4 行 8 列即 32 个砖块对象。

第 66 行：在循环中创建黄色的砖块对象。

第 67 行：把砖块对象放入 brick_list 列表中。

程序运行结果

　　程序运行结果如图 10-7 所示。可以看到在游戏窗口的上方已经显示 4 行 8 列共 32 个黄色砖块。但在运行过程中，将会发现小球可以穿砖而过，完全"无视"砖块的存在，这是因为在程序中还没做小球与砖块之间的碰撞检测。

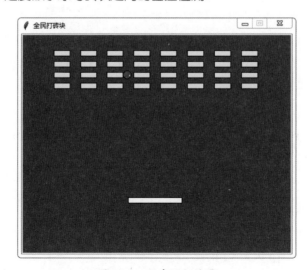

图 10-7　程序运行结果

案例 49 "打掉砖块"

案例描述

在图 10-7 中，小球对砖块就像之前对球拍一样完全"无视"砖块的存在，那么怎么让小球能够检测到砖块，同时还能"打掉砖块"呢？

案例分析

小球与砖块的碰撞检测与小球与球拍的碰撞检测是一样的，完全可以参考小球与球拍的碰撞检测程序。怎么表现砖块被"打掉"呢？当小球碰到砖块后，可以让砖块改变颜色，同时把该砖块从砖块列表中移除，以表示该砖块被"打掉"。

编程实现

在案例 48 的基础上，添加字体加粗部分代码，完整的程序如下所示：

```
1.  from tkinter import *
2.  import time
3.  tk = Tk()
4.  tk.title(" 全民打砖块 ")
5.  tk.resizable(0,0)
6.  canvas = Canvas(tk,width=500,height=400,background = "blue")
7.  canvas.pack()
8.  brick_list = []
9.  class Ball():
10.     def __init__(self,canvas,color,racket,brick_list):
11.         self.canvas = canvas
12.         self.racket = racket
13.         self.brick_list = brick_list
14.         self.id = canvas.create_oval(10,10,25,25,fill=color)
15.         self.canvas.move(self.id,245,100)
16.         self.x = -1
17.         self.y = -1
```

```
18.    def draw(self):
19.        self.canvas.move(self.id,self.x,self.y)
20.        pos = self.canvas.coords(self.id)
21.        if pos[0]<=0:
22.            self.x = 1
23.        elif pos[1]<=0:
24.            self.y = 1
25.        elif pos[2] >= 500:
26.            self.x = -1
27.        elif pos[3]>=400:
28.            self.y = -1
29.    def hit_racket(self):
30.        pos = self.canvas.coords(self.id)
31.        racket_pos = self.canvas.coords(self.racket.id)
32.        if pos[2] >= racket_pos[0] and pos[0] <=racket_pos[2]:
33.            if pos[3] >=racket_pos[1] and pos[3] <= racket_pos[3]:
34.                self.y = -self.y
35.    def hit_brick(self):
36.        pos = self.canvas.coords(self.id)
37.        for brick in self.brick_list:
38.            brick_pos = self.canvas.coords(brick.id)
39.            if pos[2] >= brick_pos[0] and pos[0] <=brick_pos[2]:
40.                if pos[3] >=brick_pos[1] and pos[1] <= brick_pos[3]:
41.                    self.brick_list.remove(brick)
42.                    brick.set_color("white")
43.                    self.y = -self.y
44. class Racket:
45.    def __init__(self,canvas,color):
46.        self.canvas = canvas
47.        self.id = canvas.create_rectangle(0,0,100,10,fill=color)
```

```
48.            self.canvas.move(self.id,200,300)
49.            self.x = 0
50.            self.canvas.bind_all('<KeyPress-Left>', self.turn_left)
51.            self.canvas.bind_all('<KeyPress-Right>', self.turn_right)
52.        def draw(self):
53.            self.canvas.move(self.id, self.x, 0)
54.            pos = self.canvas.coords(self.id)
55.            if pos[0] <= 0:
56.                self.x = 0
57.            elif pos[2] >= 500:
58.                self.x = 0
59.        def turn_left(self, evt):
60.            self.x = -3
61.        def turn_right(self, evt):
62.            self.x = 3
63. class Brick:
64.        def __init__(self,canvas,color,x,y):
65.            self.canvas = canvas
66.            self.id = canvas.create_rectangle(0,0,30,10,fill = color)
67.            self.canvas.move(self.id,x,y)
68.            self.x = x
69.            self.y = y
70.            self.canvas_width = self.canvas.winfo_width()
71.        def set_color(self,color):
72.            self.id = canvas.create_rectangle(0,0,30,10,fill = color)
73.            self.canvas.move(self.id,self.x,self.y)
74. for i in range(1,5):
75.        for j in range(1,9):
76.            brick = Brick(canvas,'yellow',j*50+10,i*20+10)
77.            brick_list.append(brick)
```

```
78. racket = Racket(canvas,"white")
79. ball = Ball(canvas,"red",racket,brick_list)
80. while True:
81.     ball.hit_racket()
82.     ball.hit_brick()
83.     ball.draw()
84.     racket.draw()
85.     tk.update()
86.     time.sleep(0.01)
```

第 10、13 行：给 Ball 类添加 brick_list 属性。

第 35 ~ 43 行：给 Ball 类添加 hit_brick 方法，用于检测小球与砖块的碰撞。

第 36 行：获取小球当前位置信息。

第 37 行：遍历 brick_list 列表，检测小球是否与每个砖块都发生了碰撞。

第 38 行：获取砖块的位置信息。

第 39、40 行：判断小球位置与砖块位置是否发生重叠。

第 41 行：如果上面条件满足即发生重叠，把该砖块从 brick_list 中移除。

第 42 行：设置该砖块的颜色为白色。

第 43 行：小球碰到砖块后被反弹。

第 79 行：实例化小球对象时，一定要把 brick_list 属性加上。

第 82 行：在无限循环中，调用 ball 的 hit_brick 方法，循环检测小球是否与砖块发生碰撞。

● 程序运行结果

运行程序，可以发现当小球碰撞到砖块后，砖块由黄色变为白色，如图 10-8 所示，部分砖块已经被"打掉"。

Eric 老师操作球拍移动，控制小球反弹，最终所有砖块都变为白色，如图 10-9 所示，所有砖块都已经被"打掉"。

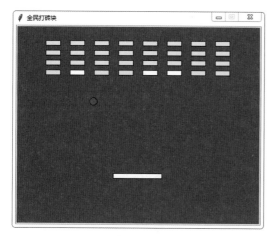

图 10-8　部分砖块被"打掉"

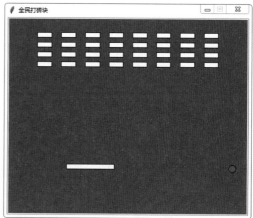

图 10-9　所有砖块被"打掉"

案例50 设置"通关"与否

案例描述

在上面的程序中还没有设置游戏的结束条件与通关条件。那么，什么时候游戏应该结束，什么时候玩家通关成功呢？

案例分析

如果小球碰到游戏窗口底部，则说明用户操作球拍接球失败，显示"Game Over！"字样，游戏结束；如果所有砖块都被"打掉"，则显示"你很厉害哦！"字样，游戏结束或者进入下一关。

编程实现

在案例 49 的基础上，添加字体加粗部分代码，完整的程序如下所示：

```
1.  from tkinter import *
2.  import time
3.  tk = Tk()
4.  tk.title(" 全民打砖块 ")
5.  tk.resizable(0,0)
6.  canvas = Canvas(tk,width=500,height=400,background = "blue")
```

```python
7.  canvas.pack()
8.  brick_list = []
9.  class Ball():
10.     def __init__(self,canvas,color,racket,brick_list):
11.         self.canvas = canvas
12.         self.racket = racket
13.         self.brick_list = brick_list
14.         self.id = canvas.create_oval(10,10,25,25,fill=color)
15.         self.canvas.move(self.id,245,100)
16.         self.x = -1
17.         self.y = -1
18.         self.flag = 1
19.     def draw(self):
20.         self.canvas.move(self.id,self.x,self.y)
21.         pos = self.canvas.coords(self.id)
22.         if pos[0]<=0:
23.             self.x = 1
24.         elif pos[1]<=0:
25.             self.y = 1
26.         elif pos[2] >= 500:
27.             self.x = -1
28.         elif pos[3]>=400:
29.             self.flag = 0
30.     def hit_racket(self):
31.         pos = self.canvas.coords(self.id)
32.         racket_pos = self.canvas.coords(self.racket.id)
33.         if pos[2] >= racket_pos[0] and pos[0] <=racket_pos[2]:
34.             if pos[3] >=racket_pos[1] and pos[3] <= racket_pos[3]:
35.                 self.y = -self.y
36.     def hit_brick(self):
37.         pos = self.canvas.coords(self.id)
```

```
38.            for brick in self.brick_list:
39.                brick_pos = self.canvas.coords(brick.id)
40.                if pos[2] >= brick_pos[0] and pos[0] <=brick_pos[2]:
41.                    if pos[3] >=brick_pos[1] and pos[1] <= brick_pos[3]:
42.                        self.brick_list.remove(brick)
43.                        brick.set_color("white")
44.                        self.y = -self.y
45. class Racket:
46.    def __init__(self,canvas,color):
47.        self.canvas = canvas
48.        self.id = canvas.create_rectangle(0,0,100,10,fill=color)
49.        self.canvas.move(self.id,200,300)
50.        self.x = 0
51.        self.canvas.bind_all('<KeyPress-Left>', self.turn_left)
52.        self.canvas.bind_all('<KeyPress-Right>', self.turn_right)
53.    def draw(self):
54.        self.canvas.move(self.id, self.x, 0)
55.        pos = self.canvas.coords(self.id)
56.        if pos[0] <= 0:
57.            self.x = 0
58.        elif pos[2] >= 500:
59.            self.x = 0
60.    def turn_left(self, evt):
61.        self.x = -3
62.    def turn_right(self, evt):
63.        self.x = 3
64. class Brick:
65.    def __init__(self,canvas,color,x,y):
66.        self.canvas = canvas
67.        self.id = canvas.create_rectangle(0,0,30,10,fill = color)
68.        self.canvas.move(self.id,x,y)
```

```python
69.            self.x = x
70.            self.y = y
71.            self.canvas_width = self.canvas.winfo_width()
72.        def set_color(self,color):
73.            self.id = canvas.create_rectangle(0,0,30,10,fill = color)
74.            self.canvas.move(self.id,self.x,self.y)
75. for i in range(1,5):
76.     for j in range(1,9):
77.         brick = Brick(canvas,'yellow',j*50+10,i*20+10)
78.         brick_list.append(brick)
79. racket = Racket(canvas,"white")
80. ball = Ball(canvas,"red",racket,brick_list)
81. while True:
82.     if(ball.flag == 1):
83.         ball.hit_racket()
84.         ball.hit_brick()
85.         ball.draw()
86.         racket.draw()
87.         tk.update()
88.         time.sleep(0.01)
89.         if(len(brick_list) == 0):
90.             canvas.create_text(230, 200, text=' 你很厉害哦！ ',
                                   font=('Courier', 30))
91.             time.sleep(2)
92.             break
93.     else:
94.         canvas.create_text(230, 200, text='Game Over！ ',
                               font=('Courier', 30))
95.         time.sleep(2)
96.         break
```

程序详解

第 18 行：在 Ball 类中添加 flag 属性，并设置初始值为 1。

第 28、29 行：在 Ball 类的 draw 函数中，判断小球是否碰到游戏窗口底部，如果碰到则把 flag 设置为 0。

第 82 ~ 92 行：在 while 循环中，判断 ball 的 flag 属性值是否为 1。如果为 1，则小球没有碰到游戏窗口底部，游戏正常运行。

第 89、90 行：判断砖块列表 brick_list 是否为空，即判断是否所有砖块都被"打掉"。如果是则显示"你很厉害哦！"字样，延时两秒后，调用 break 退出循环，游戏结束。

第 93 ~ 96 行：如果 ball 的 flag 属性值不为 1，则表示小球碰到游戏窗口底部，显示"Game Over！"字样，延时两秒后，退出无限循环，程序运行结束。

● 程序运行结果

编写完成上面的程序之后，运行程序。Eric 老师"打掉"了两块砖之后，一不小心球拍没有接住小球，小球下落碰到游戏窗口底部，游戏结束并显示"Game Over！"字样，如图 10-10 所示。

经过上面的失败，Eric 老师总结经验，再次运行程序。小心翼翼地操作球拍，最终"打掉"所有砖块。由于我们只开发了一关，所以游戏没有进入下一关，而是游戏结束，显示"你很厉害哦！"字样，如图 10-11 所示。

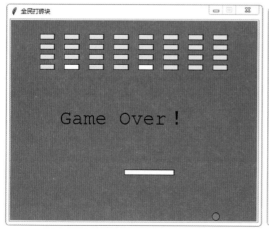

图 10-10　游戏失败界面

图 10-11　游戏成功界面

编程过关挑战——两个小球"打砖块"

难易程度 ★★★★☆    过关时间 大约40分钟

挑战介绍

通过上面的学习，我们完成了"全民打砖块"游戏软件的编程。这个游戏玩起来比较简单，那么怎么提高游戏的难度呢？请适当修改或添加程序，以增加游戏的难度。

思路分析

增加游戏难度，大概有如下两种方法。

①提高小球运动速度，修改 draw 方法中的参数即可。

②可以在游戏中创建两个小球，只要一个小球落地，游戏就结束。

编程实现

Eric 老师在此使用创建两个小球的方法来提高游戏难度，完整的程序如下：

```
1.  from tkinter import *
2.  import time
3.  tk = Tk()
4.  tk.title(" 全民打砖块 ")
5.  tk.resizable(0,0)
6.  canvas = Canvas(tk,width=500,height=400,background = "blue")
7.  canvas.pack()
8.  brick_list = []
9.  class Ball():
10.     def __init__(self,canvas,color,racket,brick_list):
11.         self.canvas = canvas
12.         self.racket = racket
13.         self.brick_list = brick_list
14.         self.id = canvas.create_oval(10,10,25,25,fill=color)
```

```
15.        self.canvas.move(self.id,245,100)
16.        self.x = random.choice((-2,-1,1,2))
17.        self.y = -1
18.        self.flag = 1
19.    def draw(self):
20.        self.canvas.move(self.id,self.x,self.y)
21.        pos = self.canvas.coords(self.id)
22.        if pos[0]<=0:
23.            self.x = 1
24.        elif pos[1]<=0:
25.            self.y = 1
26.        elif pos[2] >= 500:
27.            self.x = -1
28.        elif pos[3]>=400:
29.            self.flag = 0
30.    def hit_racket(self):
31.        pos = self.canvas.coords(self.id)
32.        racket_pos = self.canvas.coords(self.racket.id)
33.        if pos[2] >= racket_pos[0] and pos[0] <=racket_pos[2]:
34.            if pos[3] >=racket_pos[1] and pos[3] <= racket_pos[3]:
35.                self.y = -self.y
36.    def hit_brick(self):
37.        pos = self.canvas.coords(self.id)
38.        for brick in self.brick_list:
39.            brick_pos = self.canvas.coords(brick.id)
40.            if pos[2] >= brick_pos[0] and pos[0] <=brick_pos[2]:
41.                if pos[3] >=brick_pos[1] and pos[1] <= brick_pos[3]:
42.                    self.brick_list.remove(brick)
43.                    brick.set_color("white")
44.                    self.y = -self.y
```

```
45. class Racket:
46.     def __init__(self,canvas,color):
47.         self.canvas = canvas
48.         self.id = canvas.create_rectangle(0,0,100,10,fill=color)
49.         self.canvas.move(self.id,200,300)
50.         self.x = 0
51.         self.canvas.bind_all('<KeyPress-Left>', self.turn_left)
52.         self.canvas.bind_all('<KeyPress-Right>', self.turn_right)
53.     def draw(self):
54.         self.canvas.move(self.id, self.x, 0)
55.         pos = self.canvas.coords(self.id)
56.         if pos[0] <= 0:
57.             self.x = 0
58.         elif pos[2] >= 500:
59.             self.x = 0
60.     def turn_left(self, evt):
61.         self.x = -3
62.     def turn_right(self, evt):
63.         self.x = 3
64. class Brick:
65.     def __init__(self,canvas,color,x,y):
66.         self.canvas = canvas
67.         self.id = canvas.create_rectangle(0,0,30,10,fill = color)
68.         self.canvas.move(self.id,x,y)
69.         self.x = x
70.         self.y = y
71.         self.canvas_width = self.canvas.winfo_width()
72.     def set_color(self,color):
73.         self.id = canvas.create_rectangle(0,0,30,10,fill = color)
```

```
74.            self.canvas.move(self.id,self.x,self.y)
75. for i in range(1,5):
76.     for j in range(1,9):
77.         brick = Brick(canvas,'yellow',j*50+10,i*20+10)
78.         brick_list.append(brick)
79. racket = Racket(canvas,"white")
80. ball = Ball(canvas,"red",racket,brick_list)
81. ball2 = Ball(canvas,"red",racket,brick_list)
82. while True:
83.     if(ball.flag == 1 and ball2.flag == 1):
84.         ball.hit_racket()
85.         ball.hit_brick()
86.         ball.draw()
87.         ball2.hit_racket()
88.         ball2.hit_brick()
89.         ball2.draw()
90.         racket.draw()
91.         tk.update()
92.         time.sleep(0.01)
93.         if(len(brick_list) == 0):
94.             canvas.create_text(230, 200, text=' 你很厉害哦！ ',
                                   font=('Courier', 30))
95.             time.sleep(2)
96.             break
97.     else:
98.         canvas.create_text(230, 200, text='Game Over ！ ',
                               font=('Courier', 30))
99.         time.sleep(2)
100.        break
```

第16行： 在小球类中，之前 x 属性值为 -1，即程序运行后小球都是往左边运动。如果两个小球运行方向是一致的，那便没有意义。因此，在此将 x 属性值修改为一个随机数。

第81行： 创建第二个小球对象 ball2。

第83行： 在判断条件中，加入对 ball2 的 flag 属性判断，只有当两个小球都没有碰到游戏窗口底部，才执行第 84～96 行的程序。

第87行： 调用 ball2 与球拍碰撞的检测函数。

第88行： 调用 ball2 与砖块碰撞的检测函数。

第89行： 调用小球运动函数。

程序运行结果

运行程序，结果如图 10-12 所示。改进后的程序需要控制球拍接两个小球，难度要比接一个小球时高很多。

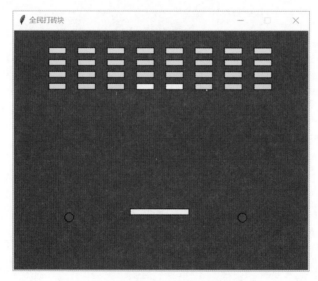

图 10-12　程序运行结果

Eric 老师温馨提示

两个小球都是红色的，很不容易区分。为了更好地区分小球，在创建小球时可以传入不同的颜色，如一个红色、一个紫色。

单元小结

Python 是一种面向对象的高级编程语言，本单元系统地介绍了什么是面向对象编程，以及面向对象的基础知识，如类的创建方法、类的属性与方法的添加、对象的实例化等。还通过面向对象的方式创建了 3 个类，即小球类、球拍类、砖块类，并分别实例化，最终完成了"全民打砖块"游戏的编程开发。

综合项目开发

——"星球大战"游戏

随着科学的发展，人类文明的发展迈出了新高度。借助科学的工具，人类对未知领域的探索取得了越来越多的成果。尤其是当人类拿起"科学"这个工具之后进步的速度更是惊人，甚至只用了短短的数百年就实现了飞出地球去探索宇宙的梦想。

当人类踏足宇宙面对一个浩瀚无垠的空间时，油然而生的"孤独感"让人类不得不思考一个问题：宇宙中有像人类一样的智慧生命吗？如果有，他们在哪呢？由此人类开启了寻找外星文明和研究外星文明的步伐。

已故著名物理学家霍金在生前曾经多次公开表示，不要寻找外星人，更不要试图与他们取得联系，因为这样做很可能会发生危险，甚至可能让人类文明毁于一旦。试想一下，如果外星人充满敌意来攻击地球，地球人势必要团结在一起来保卫我们共同的家园，由此将会上演一场"星球大战"。

在本单元中，Eric 老师将和大家一起完成一个非常好玩的游戏项目 —— 星球大战。

11.1 pygame 模块介绍与安装

Python 拥有丰富的库，库也称模块，如前面学过的 turtle 绘图模块、random 随机数模块。在众多的模块中，Python 自带的模块并不多，更多的模块是由第三方开发的，如 Pandas 数据分析模块、TensorFlow 谷歌的机器学习模块等。因此，要学会第三方模块的下载安装。

11.1.1 pygame 模块介绍

在开始编写"星球大战"游戏之前，我们先学习一个新的模块 ——pygame，从名字上可以看出这个模块与游戏有很多的关系。pygame 专为电子游戏设计，集成了对图像、声音的处理。使用 pygame 模块，开发者可以非常容易地开发出有声有色的电子游戏。

11.1.2 模块安装

pygame 由第三方开发，属于第三方模块，因此在使用之前必须先安装。

安装方法非常简单，具体步骤如下。

第 1 步 创建一个新的工程文件。打开 PyCharm 集成开发环境，选择"Create New Project"选项，如图 11-1 所示。

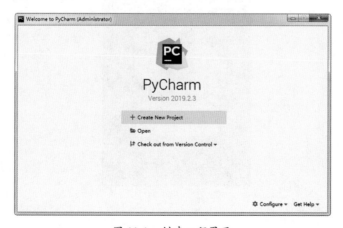

图 11-1　创建工程界面

第2步 ◎　新建工程命名。　在弹出的新窗口中输入工程名，然后单击"Create"按钮即可，如图 11-2 所示。

图 11-2　创建新工程

第3步 ◎　进入设置。先选择"File"→"Settings"命令，弹出"Settings"对话框；然后选择"Project：星球大战"选项卡下的"Project Interpreter"选项；最后单击右边的"+"按钮，如图 11-3 所示。

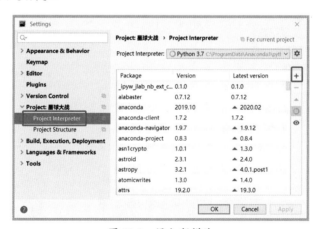

图 11-3　添加新模块

第4步 ◎　搜索模块。单击"+"按钮后，弹出如图 11-4 所示界面。首先在搜索栏中输入需要安装的模块名称"pygame"，然后会出现很多与 pygame 相关的搜索结果，在搜索结果中选择"pygame"模块，最后单击"Install Package"按钮。

第5步 ◎　下载与安装模块。单击"Install Package"按钮后，软件就进入了下载安装状态，如图 11-5 所示，在模块名称的后面出现了"installing"字样，表示正在下载安装该模块。

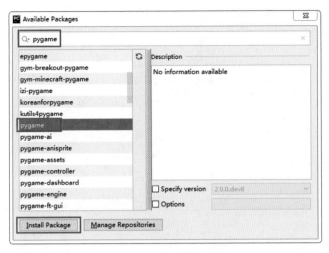

图 11-4　下载安装新模块

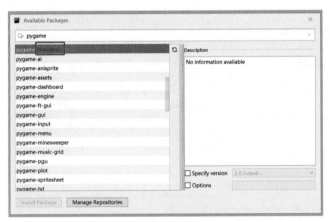

图 11-5　模块下载中

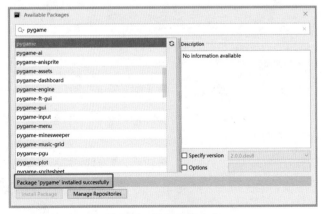

图 11-6　模块安装完成

第6步 ◎ 安装成功。在下载安装完成以后，可以看出在左下方位置出现"Package 'pygame' installed successfully"字样，如图 11-6 所示，这表示 pygame 模块已经成功安装。

11.2 游戏开发准备

在开发游戏之前，需要先分析游戏的组成与运行逻辑。在本游戏中有 3 个类：我方飞机、外星人飞机、我方子弹。游戏开始时，我方飞机处于游戏窗口的中下方位置，外星人飞机处于游戏窗口的上方位置。外星人飞机从上往下飞行，如果碰到我方飞机则游戏结束。玩家可以通过左右方向键控制飞机左右运动以躲避外星人飞机，按空格键发射子弹，子弹从下往上飞行，碰到外星人飞机后与之一起爆炸，外星人飞机爆炸后，隔几秒后另一架飞机又会出现在游戏窗口的上方位置。

分析清楚了游戏的运行逻辑，还需要准备背景图片、我方飞机图片、外星人飞机图片等素材，放置到工程"星球大战"文件下。Eric 老师准备的图片素材如图 11-7 所示，灰色大图片为游戏背景图片，上方的蓝色飞机为外星人飞机，中间的黑色图案为我方飞机发射的子弹，下方的红色飞机为我方飞机。

图 11-7　游戏所需图片

案例51 创建游戏界面

案例描述

一切准备就绪，现在就可以进入编程阶段了。在工程文件"星球大战"下新建一个 Python 文件，Eric 老师给它命名为 game.py，用来创建星球大战的游戏界面。

案例分析

创建星球大战的游戏界面，需要使用 pygame 模块中 display 函数来设置游戏窗口的大小，然后导入背景图片，再把背景图片放置在游戏窗口上。为了使关闭窗口键能够正常地使用，还需要获取 pygame 模块中的 QUIT 事件并做相应处理。

编程实现

根据案例分析，编写的程序如下所示：

```
1.   import pygame
2.   import sys
3.   def even_det():
4.       for event in pygame.event.get():
5.           if event.type == pygame.QUIT:
6.               sys.exit()
7.   if __name__ == '__main__':
8.       pygame.init()
9.       screen = pygame.display.set_mode((400, 500))
10.      pygame.display.set_caption(" 星球大战 ")
11.      backgroud = pygame.image.load(r"backgroud.jpg").convert()
12.      screen.blit(backgroud, (0, 0))
13.      while True:
14.          even_det()
15.          pygame.display.update()
```

第1行: 导入 pygame 模块。

第2行: 导入 sys 模块。

第3到6行: 定义 even_det 函数，用于检测系统事件。

第4行: 通过 for...in 语句获取系统事件。

第5、6行: 判断事件类型是否为 QUIT，如果是则调用 sys 模块中的 exit 函数；当用户单击游戏窗口右上角关闭按钮时，则窗体关闭；如果不对 QUIT 事件做检测处理，那么单击游戏窗口右上角关闭按钮时，则窗体不会关闭。

第7行: 程序入口，如果本文件为主运行文件，则执行下面的语句。

第8行: 在使用 pygame 模块之前必须调用 init 函数。

第9行: 创建一个游戏窗口，宽为 400，高为 500。

第10行: 设置窗口左上角的显示名字为"星球大战"。

第11行: 加载游戏的背景图片并赋值给变量 background 变量。

第12行：调用blit方法在缓冲区中绘制背景图片，注意blit方法不会把背景图片更新到屏幕。

第13行：进入 while 无限循环。

第14行：在无限循环中调用 even_det 函数，不断检测是否有关闭窗口的事件发生，以便及时响应。

第15行：把缓冲区的图片更新到窗口显示。

● **程序运行结果**

编写完成上面的程序以后，运行程序，可以看出弹出了一个游戏窗口，如图 11-8 所示。

图 11-8　游戏窗口

案例 52 打造"地球卫士"

✎ **案例描述**

在前面的游戏分析中，在游戏开始时我方飞机初始位置在游戏窗口的正下方。那么，怎么把飞机图片放置到游戏窗口中呢？又怎么控制飞机运动呢？飞机是怎么发射子弹的呢？这些需要在程序中一一体现。

案例分析

要完成这些功能，必须先创建飞机类，把飞机图片、运动方法等都封装到飞机类中，需要的时候调用即可。

编程实现

根据案例描述和分析，只需在案例 51 的基础上添加字体加粗部分代码即可，编写的完整案例程序如下所示：

```python
1.  import pygame
2.  import sys
3.  def even_det():
4.      for event in pygame.event.get():
5.          if event.type == pygame.QUIT:
6.              sys.exit()
7.  class Plane:
8.      def __init__(self, x1, y1):
9.          self.x = x1
10.         self.y = y1
11.         self.img = pygame.image.load(r"plane.png").convert_alpha()
12. if __name__ == '__main__':
13.     pygame.init()  # 初始化
14.     screen = pygame.display.set_mode((400, 500))
15.     pygame.display.set_caption(" 星球大战 ")
16.     backgroud = pygame.image.load(r"backgroud.jpg").convert()
17.     screen.blit(backgroud, (0, 0))
18.     plane = Plane(400/2-78/2, 400)
19.     screen.blit(plane.img, (plane.x, plane.y))
20.     while True:
21.         even_det()
22.         pygame.display.update()
```

第 7 ~ 11 行：创建我方飞机 Plane 类。

第 8 行：在 __init__ 函数中添加 Plane 相关属性。

第 9 行：添加 Plane 横坐标 x 属性。

第 10 行：添加 Plane 纵坐标 y 属性。

第 11 行：添加 Plane 图片属性。

第 18 行：使用 Plane 类实例化一个对象 plane，横坐标设置为 400/2-78/2（让飞机处于窗口横坐标的中间位置，因为游戏窗口宽为 400，飞机的宽为 78）。

第 19 行：调用 blit 方法在缓冲区中绘制飞机图片。

● 程序运行结果

编程完成上面的程序以后，运行程序，可以看到我方飞机出现在游戏窗口的正下方位置，如图 11-9 所示。

图 11-9　我方飞机添加成功

案例 53 驾驶飞机

案例描述

在案例52中创建了我方飞机Plane类，只是简单地添加了3个属性，没有添加任何方法，所以只能显示飞机图片，但怎么能让飞机飞起来呢？

案例分析

首先在飞机类中添加飞机上、下、左、右运动的方法，然后在even_det函数中检测方向键是否被按下，并做相应处理，当方向键按下时调用飞机的相关运动函数即可。

编程实现

根据案例描述和分析，在案例52的基础上添加字体加粗部分代码即可，编写的案例程序如下所示：

```
1.  import pygame
2.  import sys
3.  def even_det(fj):
4.      for event in pygame.event.get():
5.          if event.type == pygame.QUIT:
6.              sys.exit()
7.          elif event.type == pygame.KEYDOWN:
8.              if event.key == pygame.K_RIGHT:
9.                  fj.moving_right = True
10.             elif event.key == pygame.K_LEFT:
11.                 fj.moving_left = True
12.             elif event.key == pygame.K_UP:
13.                 fj.moving_up = True
14.             elif event.key == pygame.K_DOWN:
15.                 fj.moving_down = True
16.             elif event.key == pygame.K_SPACE:
17.                 pass
```

```
18.        elif event.type == pygame.KEYUP:
19.            if event.key == pygame.K_RIGHT:
20.                fj.moving_right = False
21.            if event.key == pygame.K_LEFT:
22.                fj.moving_left = False
23.            if event.key == pygame.K_UP:
24.                fj.moving_up = False
25.            if event.key == pygame.K_DOWN:
26.                fj.moving_down = False
27.    fj.move_right()
28.    fj.move_left()
29.    fj.move_up()
30.    fj.move_down()
31. class Plane:
32.    def __init__(self, x1, y1):
33.        self.x = x1
34.        self.y = y1
35.        self.img = pygame.image.load(r"plane.png").convert_alpha()
36.        self.moving_left = False
37.        self.moving_right = False
38.        self.moving_up = False
39.        self.moving_down = False
40.    def move_up(self):
41.        if(self.moving_up== True):
42.            if(self.y>0):
43.                self.y = self.y - 0.5
44.    def move_down(self):
45.        if (self.moving_down == True):
46.            if(self.y<450):
47.                self.y = self.y + 0.5
```

```
48.        def move_left(self):
49.            if (self.moving_left == True):
50.                if(self.x>0):
51.                    self.x = self.x - 0.5
52.        def move_right(self):
53.            if (self.moving_right == True):
54.                if(self.x<322):
55.                    self.x = self.x + 0.5
56. if __name__ == '__main__':
57.    pygame.init()
58.    screen = pygame.display.set_mode((400, 500))
59.    pygame.display.set_caption("星球大战")
60.    backgroud = pygame.image.load(r"backgroud.jpg").convert()
61.    screen.blit(backgroud, (0, 0))
62.    plane = Plane(400/2-78/2, 400)
63.    screen.blit(plane.img, (plane.x, plane.y))
64.    while True:
65.        even_det(plane)
66.        screen.blit(backgroud, (0, 0))
67.        screen.blit(plane.img, (plane.x, plane.y))
68.        pygame.display.update()
```

程序详解

首先，我们给 even_det 函数添加了一个形参，并在 even_det 函数中添加第 7 ~ 30 行程序。

第 7 ~ 17 行：如果事件类型为按键按下，对上、下、左、右方向键分别检测，然后设置飞机相应的属性值为 True。

第 8、9 行：如果判断右键按下，那么设置飞机的属性 moving_right 的值为 True。

第 10、11 行：如果判断左键按下，那么设置飞机的属性 moving_left 的值为 True。

第 12、13 行：如果判断上键按下，那么设置飞机的属性 moving_up 的值为 True。

第14、15行：如果判断下键按下，那么设置飞机的属性 moving_down 的值为 True。

第18 ~ 26行：如果事件类型为按键松开，对上、下、左、右方向键分别检测，然后设置飞机相应的属性值为 False。

第19、20行：如果判断右键松开，那么设置飞机的属性 moving_right 的值为 False。

第21、22行：如果判断左键松开，那么设置飞机的属性 moving_left 的值为 False。

第23、24行：如果判断上键松开，那么设置飞机的属性 moving_up 的值为 False。

第25、26行：如果判断下键松开，那么设置飞机的属性 moving_down 的值为 False。

第27行：调用飞机的 move_right 函数。

第28行：调用飞机的 move_left 函数。

第29行：调用飞机的 move_up 函数。

第30行：调用飞机的 move_down 函数。

然后，我们给 Plane 类添加部分属性与方法，新增了第36 ~ 55行的代码。

第36行：给飞机添加 moving_left 属性，并设置初始值为 False。

第37行：给飞机添加 moving_right 属性，并设置初始值为 False。

第38行：给飞机添加 moving_up 属性，并设置初始值为 False。

第39行：给飞机添加 moving_down 属性，并设置初始值为 False。

第40 ~ 43行：给 Plane 添加 move_up 方法，控制飞机往上运动。

第41行：判断 moving_up 属性的值是否为 True，如果满足则表示这时向上的方向键被按下。

第42行：判断表示飞机纵坐标 y 属性的值是否大于0，如果满足则表示飞机还没有到达游戏窗口的最上方。

第43行：如果满足第41、42行的条件，那么飞机纵坐标 y 属性的值减少0.5，飞机图片就会往上移动0.5个像素单位。

第44 ~ 47行：给 Plane 添加 move_down 方法，控制飞机往下运动。

第48 ~ 51行：给 Plane 添加 move_left 方法，控制飞机往左运动。

第52 ~ 55行：给 Plane 添加 move_right 方法，控制飞机往右运动。

第66行：调用 blit 方法在缓冲区中绘制背景图片。

第67行：调用 blit 方法在缓冲区中绘制飞机图片。

● 程序运行结果

编写完成上面的程序后，运行程序，就可以控制飞机进行上、下、左、右移动了。Eric

老师通过按左键、上键控制飞机移动到游戏窗口的左上方位置，如图 11-10 所示。然后通过按右键、下键控制飞机移动到游戏窗口的右下方位置，如图 11-11 所示。

图 11-10　控制飞机移动到左上方

图 11-11　控制飞机移动到右下方

案例 54 外星人来袭

案例描述

通过案例 53 的程序，我们完成了对我方飞机的编程，能够对其运动进行控制。接下来，Eric 老师和大家一起创建外星人的飞机类。

案例分析

创建外星人飞机类的方法与创建我方飞机类是一样的，对于外星人飞机类，只需要往下移动的方法。

编程实现

根据案例描述和分析，在案例 53 的基础上添加了字体加粗部分代码，编写的案例程序如下所示：

```
1. import pygame
```

```python
2.  import sys
3.  import random
4.  enemy_list = []
5.  def even_det(fj):
6.      for event in pygame.event.get():
7.          if event.type == pygame.QUIT:
8.              sys.exit()
9.          elif event.type == pygame.KEYDOWN:
10.             if event.key == pygame.K_RIGHT:
11.                 fj.moving_right = True
12.             elif event.key == pygame.K_LEFT:
13.                 fj.moving_left = True
14.             elif event.key == pygame.K_UP:
15.                 fj.moving_up = True
16.             elif event.key == pygame.K_DOWN:
17.                 fj.moving_down = True
18.             elif event.key == pygame.K_SPACE:
19.                 pass
20.         elif event.type == pygame.KEYUP:
21.             if event.key == pygame.K_RIGHT:
22.                 fj.moving_right = False
23.             if event.key == pygame.K_LEFT:
24.                 fj.moving_left = False
25.             if event.key == pygame.K_UP:
26.                 fj.moving_up = False
27.             if event.key == pygame.K_DOWN:
28.                 fj.moving_down = False
29.     fj.move_right()
30.     fj.move_left()
31.     fj.move_up()
```

```
32.        fj.move_down()
33. class Plane:
34.        def __init__(self, x1, y1):
35.            self.x = x1
36.            self.y = y1
37.            self.img = pygame.image.load(r"plane.png").convert_alpha()
38.            self.moving_left = False
39.            self.moving_right = False
40.            self.moving_up = False
41.            self.moving_down = False
42.        def move_up(self):
43.            if(self.moving_up== True):
44.                if(self.y>0):
45.                    self.y = self.y - 0.5
46.        def move_down(self):
47.            if (self.moving_down == True):
48.                if(self.y<450):
49.                    self.y = self.y + 0.5
50.        def move_left(self):
51.            if (self.moving_left == True):
52.                if(self.x>0):
53.                    self.x = self.x - 0.5
54.        def move_right(self):
55.            if (self.moving_right == True):
56.                if(self.x<322):
57.                    self.x = self.x + 0.5
58. class Enemy:
59.        def __init__(self,x1,y1):
60.            self.x = x1
```

```
61.        self.y = y1
62.        self.img = pygame.image.load(r"enemy.png").convert_alpha()
63.    def move_down(self):
64.        self.y = self.y + 0.2
65. if __name__ == '__main__':
66.    pygame.init()  # 初始化
67.    screen = pygame.display.set_mode((400, 500))
68.    pygame.display.set_caption(" 星球大战 ")
69.    backgroud = pygame.image.load(r"backgroud.jpg").convert()
70.    screen.blit(backgroud, (0, 0))
71.    plane = Plane(200-78/2, 400)
72.    screen.blit(plane.img, (plane.x, plane.y))
73.    while True:
74.        screen.blit(backgroud, (0, 0))
75.        even_det(plane)
76.        if (len(enemy_list) < 3):
77.            enemy = Enemy(random.randint(50, 350), random.
                            randint(0, 30))
78.            enemy_list.append(enemy)
79.        for i in enemy_list:
80.            i.move_down()
81.            if i.y > 500:
82.                enemy_list.remove(i)
83.            else:
84.                screen.blit(i.img, (i.x, i.y))
85.        screen.blit(plane.img, (plane.x, plane.y))
86.        pygame.display.update()
87.
```

第 58 行：定义外星人飞机 Enemy 类。

第 59 行：在 __init__ 函数中定义外星人飞机相关属性。

第 60 行：定义表示飞机横坐标的属性 x。

第 61 行：定义表示飞机纵坐标的属性 y。

第 62 行：加载飞机图片，并赋值给属性 img。

第 63 行：外星人飞机只有一种运动方法，从游戏窗口上方往下运动，因此定义 move_
down 方法。

第 64 行：每次调用 move_down 方法，外星人飞机纵坐标增加 0.2 个像素点，如果想让外
星人飞机飞得更快，可以把 0.2 改为更大的数，反之将数改小。

第 76 ~ 78 行：这 3 行代码主要控制飞机对象的生成，假设屏幕上同时显示 3 架外星人飞机，
当飞机飞到游戏窗口最下方后，又从最上方生成一架。

第 76 行：enemy_list 是一个装有外星人飞机对象的列表；判断 enemy_list 长度是否小于 3。

第 77 行：如果第 76 行条件满足，那么就新生成一个对象加入该列表；新生成飞机的初始
位置并不是固定不变的，而是在游戏窗口上方的一个随机位置，这样游戏才具有
可玩性。

第 78 行：把新生成的外星人飞机对象加入 enemy_list 列表中。

第 79 ~ 84 行：这 6 行代码主要控制飞机的运动与显示。

第 79 行：使用 for 语句遍历 enemy_list 列表。

第 80 行：调用飞机的 move_down 方法。

第 81 行：判断飞机的纵坐标是否大于 500。

第 82 行：如果满足上面条件，即运动到最下方，那么就把这架飞机从 enemy_list 列表中移除。

第 83、84 行：如果飞机没有运动到最下方，则调用 blit 方法在缓冲区中绘制飞机图片。

● 程序运行结果

编写完成上面的程序，运行结果如图 11-12 所示。可以看出 3 架外星人飞机从游戏窗
口上方往下飞行，当飞到底部消失以后，又有 3 架外星人飞机从游戏窗口上方往下飞行。
外星人飞机每次从屏幕上方生成的位置是不同的，而且屏幕上始终都保持有 3 架外星人飞
机。外星人飞机数量可以在程序第 76 行修改，以改变游戏难易程度。

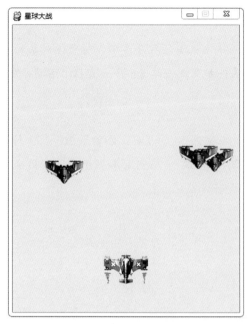

图 11-12　外星人飞机的添加

Eric 老师温馨提示

　　在案例54中，我们设置屏幕中始终保持有3架外星人飞机，使用列表存放飞机对象是最好的方法之一，这样非常方便对外星人飞机的管理。当外星人飞机被我方飞机射出的子弹击中时，把该外星人飞机从列表中移除，当程序判断列表长度小于3时，生成一架外星人飞机对象放入列表即可。

案例55 准备子弹

案例描述

　　在游戏的编程中，有了我方飞机类与外星人飞机类，还差一个子弹类，那么怎么创建子弹类呢？

案例分析

创建子弹类的程序与创建飞机类的程序类似，对子弹对象的实例化，是在按下空格键时实例化一颗子弹，子弹从我方飞机头部飞出，一直往上运动，攻击外星人飞机。

编程实现

根据案例描述和分析，在案例 54 的基础上添加第 20 ～ 23 行来检测空格键及按空格键发射子弹，以及创建子弹类（第 69 ～ 76 行）和显示子弹（第 97 ～ 102 行）的相关代码，完整的程序如下所示。

```
1.  import pygame
2.  import sys
3.  import random
4.  b_list = []
5.  enemy_list = []
6.  def even_det(fj):
7.      global b_list
8.      for event in pygame.event.get():
9.          if event.type == pygame.QUIT:
10.             sys.exit()
11.         elif event.type == pygame.KEYDOWN:
12.             if event.key == pygame.K_RIGHT:
13.                 fj.moving_right = True
14.             elif event.key == pygame.K_LEFT:
15.                 fj.moving_left = True
16.             elif event.key == pygame.K_UP:
17.                 fj.moving_up = True
18.             elif event.key == pygame.K_DOWN:
19.                 fj.moving_down = True
20.             elif event.key == pygame.K_SPACE:
21.                 if (len(b_list) < 5):
22.                     b = Bullet(fj)
```

```
23.              b_list.append(b)
24.          elif event.type == pygame.KEYUP:
25.              if event.key == pygame.K_RIGHT:
26.                  fj.moving_right = False
27.              if event.key == pygame.K_LEFT:
28.                  fj.moving_left = False
29.              if event.key == pygame.K_UP:
30.                  fj.moving_up = False
31.              if event.key == pygame.K_DOWN:
32.                  fj.moving_down = False
33.      fj.move_right()
34.      fj.move_left()
35.      fj.move_up()
36.      fj.move_down()
37. class Plane:
38.      def __init__(self, x1, y1):
39.          self.x = x1
40.          self.y = y1
41.          self.img = pygame.image.load(r"plane.png").convert_alpha()
42.          self.moving_left = False
43.          self.moving_right = False
44.          self.moving_up = False
45.          self.moving_down = False
46.      def move_up(self):
47.          if(self.moving_up== True):
48.              if(self.y>0):
49.                  self.y = self.y - 0.5
50.      def move_down(self):
51.          if (self.moving_down == True):
52.              if(self.y<450):
```

```python
53.            self.y = self.y + 0.5
54.        def move_left(self):
55.            if (self.moving_left == True):
56.                if(self.x>0):
57.                    self.x = self.x - 0.5
58.        def move_right(self):
59.            if (self.moving_right == True):
60.                if(self.x<322):
61.                    self.x = self.x + 0.5
62. class Enemy:
63.        def __init__(self,x1,y1):
64.            self.x = x1
65.            self.y = y1
66.            self.img = pygame.image.load(r"enemy.png").convert_alpha()
67.        def move_down(self):
68.            self.y = self.y + 0.2
69. class Bullet:
70.        def __init__(self,fj):
71.            self.x = fj.x+36
72.            self.y = fj.y
73.            self.img = pygame.image.load(r"bullet.png").convert_alpha()
74.        def move_up(self):
75.            if(self.y > 0):
76.                self.y = self.y - 0.5
77. if __name__ == '__main__':
78.        pygame.init()
79.        screen = pygame.display.set_mode((400, 500))
80.        pygame.display.set_caption(" 星球大战 ")
81.        backgroud = pygame.image.load(r"backgroud.jpg").convert()
82.        screen.blit(backgroud, (0, 0))
```

```
83.    plane = Plane(200-78/2, 400)
84.    screen.blit(plane.img, (plane.x, plane.y))
85.    while True:
86.        screen.blit(backgroud, (0, 0))
87.        even_det(plane)
88.        if (len(enemy_list) < 3):
89.            enemy = Enemy(random.randint(50, 350),
                            random.randint(0, 30))
90.            enemy_list.append(enemy)
91.        for i in enemy_list:
92.            i.move_down()
93.            if i.y > 500:
94.                enemy_list.remove(i)
95.            else:
96.                screen.blit(i.img, (i.x, i.y))
97.        for b in b_list:
98.            b.move_up()
99.            if b.y < 11:
100.                b_list.remove(b)
101.            else:
102.                screen.blit(b.img, (b.x, b.y))
103.        screen.blit(plane.img, (plane.x, plane.y))
104.        pygame.display.update()
```

第4行: 创建一个列表b_list,用于存放子弹对象。

第20行: 判断空格键是否按下。

第21行: 如果按下空格键,则判断存放子弹对象的列表长度是否小于5。

第22行: 如果满足第21行条件,那么实例化一个子弹对象。

第23行：把实例化的子弹对象放入列表 b_list 中。

第69行：创建一个子弹类 Bullet。

第70～73行：添加子弹类的属性：横坐标 x、纵坐标 y，以及图片。

第70行：实例化子弹的时候，传入的形参为我方飞机坐标，因为子弹的初始位置由飞机位置决定，因此传入我方飞机坐标作为参数。

第71行：把飞机的 x 属性加上36赋值给子弹的 x 属性，这样子弹刚好出现在飞机的中间位置。

第72行：把飞机的 y 属性赋值给子弹的 y 属性。

第73行：加载子弹图片。

第74～76行：定义子弹的运动方法 move_up。

第97行：使用 for…in 语句遍历子弹列表 b_list。

第98行：子弹往上运动。

第99、100行：如果子弹运动到靠近游戏窗口上方位置，把该子弹从列表中移除。

第101、102行：如果子弹没有靠近游戏窗口上方位置，那么调用 blit 方法在缓冲区中绘制子弹图片。

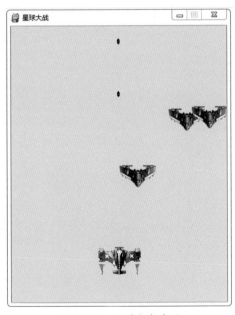

图11-13　子弹发射成功

● 程序运行结果

运行程序之后，结果如图11-13所示。当按下空格键后，会看到一连串子弹从我方飞机机头位置发射出来，并一直往上飞行，屏幕最多可以显示5颗子弹，这个子弹数量可以在程序第21行修改。我们可以控制我方飞机运动，边运动边发射子弹，子弹始终是从机头位置往上发射出来，然后往上直线飞行。

案例56 射击外星人飞机

案例描述

在案例55的程序中，我们创建了子弹类，并且可以控制子弹的发射。但是并没有做子弹与外星人飞机碰撞的相关检测，子弹会穿过外星人飞机直接飞出窗口之外，而外星人飞机依然安然无恙。怎么让子弹击中外星人飞机呢？

案例分析

要判断子弹与外星人飞机是否发生碰撞，也就是检测在同一时刻每颗子弹与每一架外星人飞机图片是否有重叠，如果有则说明子弹击中了飞机，这时让子弹和外星人飞机一起消失。可以在程序中采用双重遍历，即在遍历子弹列表下遍历外星人飞机列表，并在双重遍历中检测图片是否有重叠。

编程实现

根据案例描述和分析只需要在案例55的基础上添加黑色加粗部分代码即可，编写的案例程序如下所示：

```
1.  import pygame
2.  import sys
3.  import random
4.  b_list = []
5.  enemy_list = []
6.  def even_det(fj):
7.      global b_list
8.      for event in pygame.event.get():
9.          if event.type == pygame.QUIT:
10.             sys.exit()
11.         elif event.type == pygame.KEYDOWN:
12.             if event.key == pygame.K_RIGHT:
13.                 fj.moving_right = True
14.             elif event.key == pygame.K_LEFT:
15.                 fj.moving_left = True
16.             elif event.key == pygame.K_UP:
17.                 fj.moving_up = True
18.             elif event.key == pygame.K_DOWN:
```

```
19.                    fj.moving_down = True
20.              elif event.key == pygame.K_SPACE:
21.                    if (len(b_list) < 5):
22.                       b = Bullet(fj)
23.                       b_list.append(b)
24.          elif event.type == pygame.KEYUP:
25.              if event.key == pygame.K_RIGHT:
26.                    fj.moving_right = False
27.              if event.key == pygame.K_LEFT:
28.                    fj.moving_left = False
29.              if event.key == pygame.K_UP:
30.                    fj.moving_up = False
31.              if event.key == pygame.K_DOWN:
32.                    fj.moving_down = False
33.       fj.move_right()
34.       fj.move_left()
35.       fj.move_up()
36.       fj.move_down()
37.
38. class Plane:
39.     def __init__(self, x1, y1):
40.          self.x = x1
41.          self.y = y1
42.          self.img = pygame.image.load(r"plane.png").convert_alpha()
43.          self.moving_left = False
44.          self.moving_right = False
45.          self.moving_up = False
46.          self.moving_down = False
47.     def move_up(self):
48.          if(self.moving_up== True):
```

```
49.            if(self.y>0):
50.                self.y = self.y - 0.5
51.        def move_down(self):
52.            if (self.moving_down == True):
53.                if(self.y<450):
54.                    self.y = self.y + 0.5
55.        def move_left(self):
56.            if (self.moving_left == True):
57.                if(self.x>0):
58.                    self.x = self.x - 0.5
59.        def move_right(self):
60.            if (self.moving_right == True):
61.                if(self.x<322):
62.                    self.x = self.x + 0.5
63. class Enemy:
64.        def __init__(self,x1,y1):
65.            self.x = x1
66.            self.y = y1
67.            self.img = pygame.image.load(r"enemy.png").convert_alpha()
68.        def move_down(self):
69.            self.y = self.y + 0.2
70. class Bullet:
71.        def __init__(self,fj):
72.            self.x = fj.x+36
73.            self.y = fj.y
74.            self.img = pygame.image.load(r"bullet.png").convert_alpha()
75.        def move_up(self):
76.            if(self.y > 0):
77.                self.y = self.y - 0.5
78. if __name__ == '__main__':
```

```
79.     pygame.init()

80.     screen = pygame.display.set_mode((400, 500))

81.     pygame.display.set_caption(" 星球大战 ")

82.     backgroud = pygame.image.load(r"backgroud.jpg").convert()

83.     screen.blit(backgroud, (0, 0))

84.     plane = Plane(200-78/2, 400)

85.     screen.blit(plane.img, (plane.x, plane.y))

86.     while True:

87.         screen.blit(backgroud, (0, 0))

88.         even_det(plane)

89.         if (len(enemy_list) < 3):

90.             enemy = Enemy(random.randint(50, 350), random.randint(0, 30))

91.             enemy_list.append(enemy)

92.         for i in enemy_list:

93.             i.move_down()

94.             if i.y > 500:

95.                 enemy_list.remove(i)

96.             else:

97.                 screen.blit(i.img, (i.x, i.y))

98.         for b in b_list:

99.             b.move_up()

100.                if b.y < 11:

101.                    b_list.remove(b)

102.                else:

103.                    screen.blit(b.img, (b.x, b.y))

104.        for b in b_list:

105.        for enemy in enemy_list:

106.        if (b.x > enemy.x and enemy.x < (b.x + 67)):

107.        if (enemy.y > b.y and enemy.y < (b.y + 40)):

108.        b_list.remove(b)
```

```
109.        enemy_list.remove(enemy)
110.    screen.blit(plane.img, (plane.x, plane.y))
111.    pygame.display.update()
```

第 104 行：遍历子弹列表 b_list。

第 105 行：遍历外星人飞机列表 enemy_list。

第 106 行：判断子弹的横坐标 x 是否在外星人飞机的左右两边的横坐标范围内。

第 107 行：判断子弹的纵坐标 y 是否在外星人飞机的上下两边的纵坐标范围内。

第 108、109 行：如果满足第 106、107 行条件，说明子弹击中外星人飞机，那么把该子弹和外星人飞机从列表中移除，这颗子弹与外星人飞机都会消失在屏幕上。

　　子弹击中外星人飞机，外星人飞机接着会在屏幕上消失，这是一个连续的过程，无法用图片进行表示，所以 Eric 老师在此没有截图，同学们编写完成程序并运行，自行操作即可看到击中外星人飞机的过程。

案例57 我方飞机被外星人飞机冲撞

案例描述

　　案例 57 完成了子弹击中外星人飞机的编程，虽然我方飞机能够攻击外星人飞机，但外星人飞机快速飞行情况下，如果我方飞机避让不及，也会被外星人飞机碰撞损毁。怎么判断我方飞机被外星人飞机撞击到呢？

案例分析

　　我方飞机与外星人飞机碰撞检测与案例 56 中子弹击中外星人飞机类似，即检测在同一时刻我方飞机与外星人飞机图片是否有重叠，不同的是外星人飞机尺寸为 67×40，我方飞机尺寸为 78×50，它们的大小都不能忽略。因此可得出发生碰撞时的两个临界条件，即我方飞机与外星人飞机在 x 轴方向与 y 轴方向应满足的条件。示意图如图 11-14 和图 11-15 所示，其中红色方块表示我方飞机，蓝色方块表示外星人飞机。

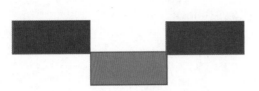

图 11-14　x 轴方向碰撞临界示意图

图 11-15　y 轴方向碰撞临界示意图

如图 11-14 所示，注意程序中飞机的 x、y 属性都是指飞机左上角的位置坐标，可以得出碰撞发生应满足 x 轴方向的临界条件为：(我方飞机 x+78)>(外星人飞机 x) 并且 (外星人飞机 x+67)>(我方飞机 x)。

如图 11-15 所示，可以得出应满足 y 轴方向的临界条件为：(我方飞机 y+50)>(外星人飞机 y) 并且 (外星人飞机 y+40)>(我方飞机 y)。

编程实现

接下来编写外星人飞机撞击到我方飞机的程序，即把上面得到的临界条件转化为代码。编写案例程序如下：

```
1.  for enemy in enemy_list:
2.      if ((plane.x+78)>enemy.x and (enemy.x+67)>plane.x):
3.          if ((plane.y+50)>enemy.y and (enemy.y+40)>plane.y):
4.              enemy_list.remove(enemy)
5.              sys.exit()
```

我们只需要把这 5 行代码插入到案例 56 中第 109 行的程序之后即可。程序添加完成后，运行程序，我们可以看到当外星人飞机与我方飞机碰撞后，游戏便会结束。至此，星球大战游戏的编程开发已基本完成。

编程过关挑战——设置飞机的生命值

难易程度　★★☆☆☆　　　过关时间　大约20分钟

挑战介绍

在案例 57 中，星球大战游戏已经具备基本功能，有一定的可玩性，但是还有很多更有趣的功能等着大家自行发掘与编程。接下来，给我方飞机添加生命值。

思路分析

比如，给我方飞机设置初始生命值为 300，击中一架外星人飞机加 100 生命值，每被外星人飞机撞击一次就减少 100 生命值。当生命值为 0 时，游戏结束。

编程实现

首先，给我方飞机添加一个 life 属性，初始值设置为 300。程序如下：

```
self.life = 300
```

其次，在击中外星人飞机后增加 100 生命值。程序如下：

```
plane.life = plane.life + 100
```

最后，在外星人飞机撞击到我方飞机后，我方飞机生命值减 100。如果生命值为 0，游戏结束。程序如下：

```
plane.life = plane.life - 100
if(plane.life == 0):
    sys.exit()
```

单元小结

在本单元中，我们通过 pygame 模块一步步完成了"星球大战"游戏的开发。分别创建了外星人飞机类、我方飞机类、子弹类；编写了按键检测函数，用于检测上、下、左、右方向键，以及空格键是否按下，通过判断按键是否按下控制飞机运动与子弹的发射。在游戏编程中，使用了判断语句、循环语句，以及它们之间的嵌套；使用列表来存放外星人飞机对象和子弹对象，并通过遍历列表来控制每个对象的运动与显示；通过遍历列表与判断语句的嵌套，完成了外星人飞机与我方飞机、子弹与外星人飞机的碰撞检测。

IDLE 是 Python 自带的一个编辑器，初学者可以利用它方便地创建、运行、测试 Python 程序。

① 下载安装包

第1步 进入 Python 官网"https://www.python.org/"，如图 A-1 所示，单击"Downloads"按钮即可进入下载界面。

图 A-1　Python 官网一

第2步 单击"Downloads Python 3.8.1"按钮，进入 Python 版本选择界面本书选用的版本是 Python3.8.1，读者朋友们也可以选择最新的版本，如图 A-2 所示。

图 A-2　Python 官网二

第3步 进入 Python 版本选择界面后，在下方菜单 Files 选项中选择需要下载的安装包类型，在此 Eric 老师选择 Windows 64 位版本（Windows x86-64 executable installer），

如图 A-3 所示，单击该选项后，选择下载目录，软件开始下载。

Files

Version	Operating System	Description	MD5 Sum	File Size	GPG
Gzipped source tarball	Source release		f215fa2f55a78de739c1787ec56b2bcd	23978360	SIG
XZ compressed source tarball	Source release		b3fb85fd479c0bf950c626ef80cacb57	17828408	SIG
macOS 64-bit installer	Mac OS X	for OS X 10.9 and later	d1b09665312b6b1f4e11b03b6a4510a3	29051411	SIG
Windows help file	Windows		f6bbf64cc36f1de38fbf61f625ea6cf2	8480993	SIG
Windows x86-64 embeddable zip file	Windows	for AMD64/EM64T/x64	4d091857a2153d9406bb5c522b211061	8013540	SIG
Windows x86-64 executable installer	Windows	for AMD64/EM64T/x64	3e4c42f5ff8fcdbe6a828c912b7afdb1	27543360	SIG
Windows x86-64 web-based installer	Windows	for AMD64/EM64T/x64	662961733cc947839a73302789df6145	1363800	SIG
Windows x86 embeddable zip file	Windows		980d5745a7e525be5abf4b443a00f734	7143308	SIG
Windows x86 executable installer	Windows		2d4c7de97d6fcd8231fc3decbf8abf79	26446128	SIG
Windows x86 web-based installer	Windows		d21706bdac544e7a968e32bbb0520f51	1325432	SIG

图 A-3　Python 版本选择

② 软件安装方法

第 1 步　软件下载完成后，双击安装包即可安装。注意先选中 "Install launcher for all users (recommended)" 和 "Add Python 3.8 to PATH" 两个复选框，然后选择 "Install Now" 选项，如图 A-4 所示。

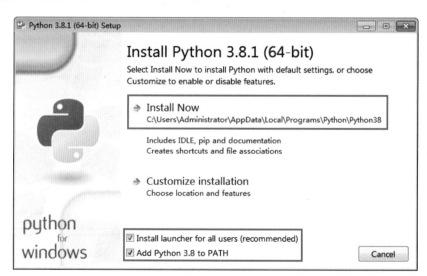

图 A-4　软件安装界面

第 2 步　选择 "Install Now" 选项后，软件开始安装，如图 A-5 所示。

第 3 步　软件比较小，安装也非常快，如图 A-6 所示，单击 "Close" 按钮完成软件安装。

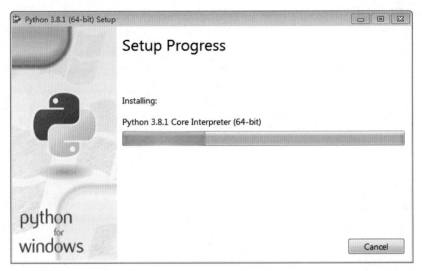

图 A-5　软件安装界面

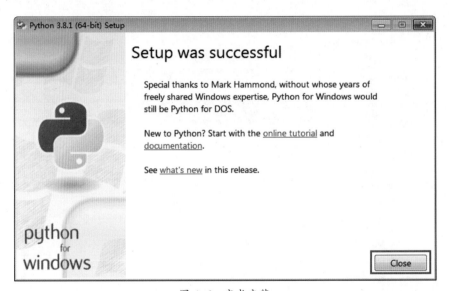

图 A-6　完成安装

PyCharm 是由 JetBrains 打造的一款 Python IDE。PyCharm 有两个版本：一个版本是 Professional（专业版本），这个版本功能比较强大，主要是为 Python 和 Web 开发者而准备，是需要付费的；另一个版本是社区版，比较轻量级，主要是为 Python 和数据专家而准备的。一般来说，开发软件时下载专业版本比较合适。PyCharm 可以跨平台，在 macOS 和 Windows 操作系统中都可以用。

1　下载安装包

Eric 老师使用的是 PyCharm 2018.3.2，请根据计算机系统位数（是 64 位，还是 32 位）来选择对应的 PyCharm 版本。

打开 PyCharm 官网：https://www.jetbrains.com/，下载对应的安装包，安装步骤如下。

第 1 步　进入 PyCharm 官网，选择上方的"Tools"选项卡，如图 B-1 所示。

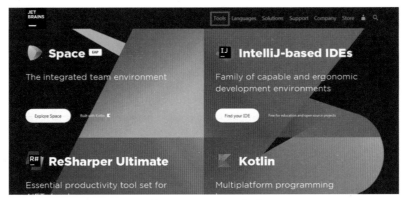

图 B-1　PyCharm 官网

第 2 步　在"Tools"选项卡中选择"PyCharm"选项，如图 B-2 所示。

第 3 步　在选择"PyCharm"选项后，进入安装包下载界面，再单击界面下方的"DOWNLOAD"按钮，如图 B-3 所示。

第 4 步　在弹出的 Download PyCharm 界面中，单击"Community"选项下面的"Download"按钮，如图 B-4 所示。

图 B-2　选择"PyCharm"选项

图 B-3　安装包下载界面一

图 B-4　安装包下载界面二

第5步　浏览器弹出下载界面，单击"浏览"按钮，选择安装包存储位置，然后单击"下载"按钮，即开始下载安装包，等待安装包下载完成即可，如图 B-5 所示。

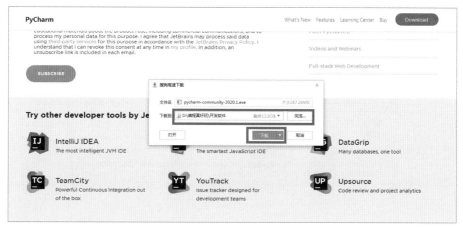

图 B-5　开始下载

② 安装方法

第1步 　找到下载好的 PyCharm 安装包，然后双击该文件，弹出如图 B-6 所示的界面，单击"Next"按钮开始安装。

图 B-6　欢迎界面

第2步 在弹出的"Choose Install Location"界面中单击"Browse"按钮选择安装路径，PyCharm 需要的内存较多，建议将其安装在 D 盘或者 E 盘，不建议放在系统盘 C 盘。如图 B-7 所示，Eric 老师选择安装在 D 盘目录下，然后单击"Next"按钮继续下一步。

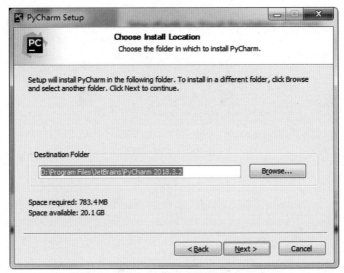

图 B-7　安装路径选择

第3步 在弹出的"Installation Options"界面中根据计算机系统位数选择相关选项，一般选中"64-bit launcher"和".py"两个复选框，然后单击"Next"按钮，如图 B-8 所示。

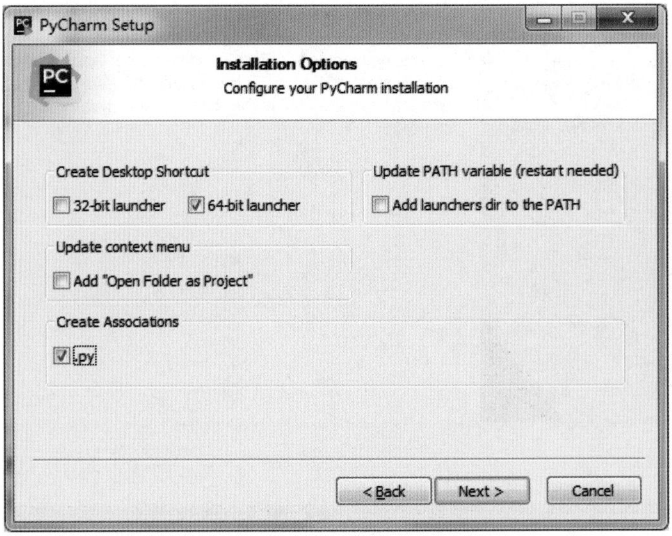

图 B-8　"Installation Options"界面

第4步 在"Choose Start Menu Folder"界面中设置"开始"菜单中的名称，这里保持默认即可，单击"Install"按钮，如图 B-9 所示。

图 B-9 "Choose Start Menu Folder"界面

第5步 系统开始自动复制文件并进行软件安装，如图 B-10 所示，这个过程要耐心等待文件安装完成。

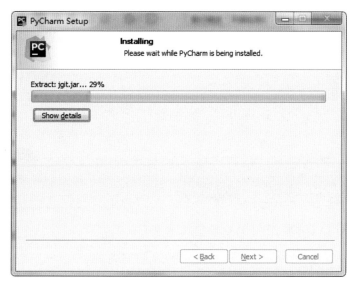

图 B-10 等待安装

第6步 文件安装完成后单击"Finish"按钮，即可完成 PyCharm 安装，如图 B-11 所示。

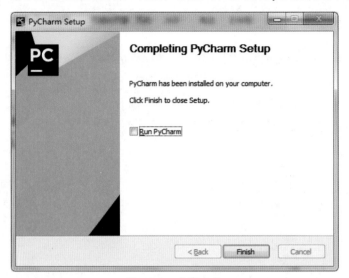

图 B-11　安装完成

第7步 接下来对 PyCharm 进行配置。双击运行桌面上的 PyCharm 图标，进入如图 B-12 所示的界面，选中"Do not import settings"单选按钮，然后单击"OK"按钮，进入下一步。

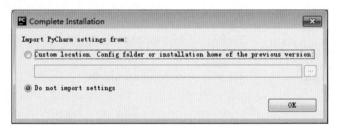

图 B-12　PyCharm 配置界面

Eric 老师温馨提示

在如图 B-12 所示界面中，两个单选按钮的含义如下。

① Custom location.Config folder or installation home of the previous version：导入之前

在某一路径下设置好的配置，单击 ⋯ 按钮，即可选择路径。

② Do not import settings：不导入设置。

第8步 在弹出的 "PyCharm Vser Agreement" 对话框中选中 "I confirm that I have read and accept the terms of this User Agreement" 复选框以同意并接受用户协议，然后单击 "Continue" 按钮，如图 B-13 所示。

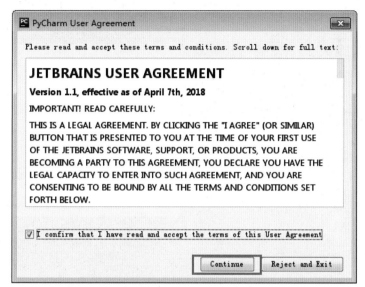

图 B-13　单击 "Continue" 按钮以继续安装

第9步 进入数据分享界面，如图 B-14 所示。这个界面表明是否愿意将后续使用信息发送给 JetBrains 来提升他们产品的质量。单击 "Send Usage Statistics" 按钮表示允许发送使用信息给 JetBrains，单击 "Don't send" 按钮则表示不愿意发送使用信息给 JetBrains。

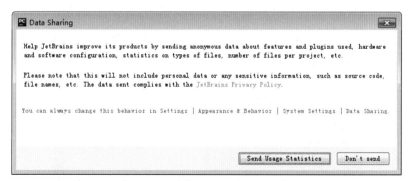

图 B-14　选择是否愿意发送信息

第10步 单击图 B-14 中的任一按钮后，都会进入如图 B-15 所示的界面。这个界面需要读者对 PyCharm 的皮肤进行选择。Eric 老师建议单击左侧的 "Darcula" 选项以选择

Darcula 主题，该主题配色更有利于保护眼睛，视觉效果也非常不错。

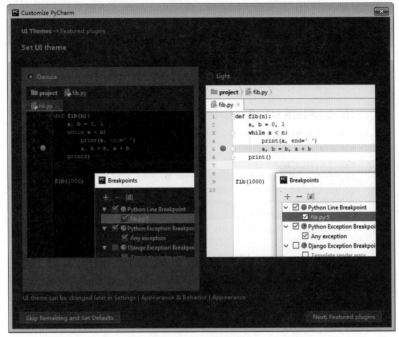

图 B-15　皮肤选择

第 11 步 选择好皮肤后单击左下角的"Skip Remaining and Set Defaults"（跳过其余和设置默认值）按钮，如图 B-16 所示。

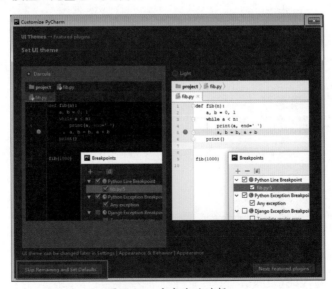

图 B-16　完成皮肤选择

第12步 完成上述步骤后，进入激活界面，如图 B-17 所示。先在界面上方选中"Activate"和"JetBrains Account"单选按钮，表示以 Activate 方式及账号密码方式激活软件，然后单击"Exit"按钮即可完成安装。

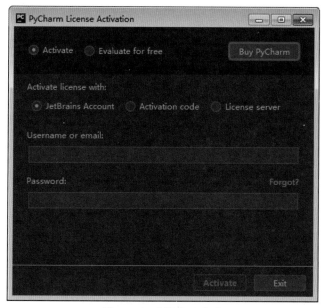

图 B-17　选择激活方式

Eric 老师温馨提示

图 B-17 中的 Activate 激活方式可分为以下 3 种。

① JetBrains Account：账户激活。

② Activation code：激活码激活。

③ License server：授权服务器激活。

这里选择第一种方式"JetBrains Account"选项，即采用账号密码方式激活软件。